Annette Schmitt

Siberian Husky

Premium Ratgeber

unter Mitarbeit von
Simone Ebardt-Heidt
Michael Ebardt

bede bei Ulmer

Inhalt

4 Basics
- 4 Von den Ursprüngen zur Reinzucht
- 9 Rassestandard
- 15 Verhalten und Charakter
- 20 Der Siberian Husky heute

22 Vorüberlegungen und Anschaffung
- 22 Anforderungen an den Halter
- 26 Welpe oder erwachsener Hund?
- 28 Rüde oder Hündin?
- 31 Ein Hund aus Tierheim
- 32 Auswahl von Züchter und Hund
- 34 Welches Zubehör ist nötig?
- 36 EXTRA: Das richtige Hundespielzeug
- 38 Welpensicheres Zuhause

40 Haltung
- 40 Die ersten Tage daheim
- 44 Sozialisierung
- 48 EXTRA: Welpenspielplatz zu Hause
- 50 Erste Erziehungsschritte
- 66 Pflege
- 75 Ernährung
- 78 EXTRA: Elf goldene Futterregeln
- 80 Ausstellungen

Inhalt

83	**Freizeitpartner Hund**
83	Begleiter in Freizeit und Alltag
98	Urlaub

104	**Gesundheit**
104	Vorsorge
108	Bekannte Krankheitsbilder
111	Alternative Heilmethoden

114	**Der ältere Siberian Husky**
114	Was ändert sich im Alter?
125	Abschied

126 Hilfreiche Adressen

127 Dank

128 Register

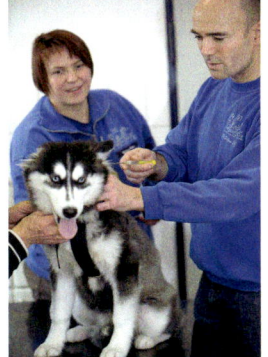

Basics

Von den Ursprüngen zur Reinzucht

Der Siberian Husky ist inzwischen die am weitesten verbreitete Schlittenhunderasse und noch heute in seiner Heimat als Zugtier unentbehrlich.

Vermutlich wurden Huskys neben ihrem Haupteinsatz als Zugtier auch als Jagdhelfer verwendet.

Schlittenhunde haben in den nordischen Ländern eine lange Tradition. Seit wann genau es sie aber gibt weiß niemand. Die ältesten zu findenden Beweise für ihre Existenz liefern Felszeichnungen aus der jüngeren Steinzeit (Neolithikum) und der Bronzezeit, die man in Bohuslän (Schweden) entdeckt hat. Hier sind bereits Hunde als Zugtiere vor Schlitten auf in Felsspalten geritzten Jagdszenen erkennbar. Lange Zeit galten alle nordischen Schlittenhunde als „Eskimohunde", also als Hunde der Eskimos. Da das Verbreitungsgebiet der Eskimos riesig ist (es reicht von der östlichen Spitze Sibiriens bis nach Grönland und erstreckt sich somit über eine Länge von 7000 km und eine Breite von 2500 km), bildeten sich diverse Lokalschläge heraus, die rein nach Gebrauchseigenschaften, vornehmlich Robustheit, Genügsamkeit und Ausdauer, gezüchtet wurden. Immerhin ging es in dieser unwirtlichen, rauen Gegend für Mensch und Hund stets ums blanke Überleben. Inzwischen hat die FCI vier nordische Schlittenhunderassen offiziell anerkannt: den Grönlandhund, den Alaskan Malamute, den Samojeden und den Siberian Husky.

Hartes Leben in der Heimat

Der Siberian Husky ist heutzutage die am weitesten verbreitete Schlittenhunderasse. Seine Heimat liegt in Ostsibirien. Er war und ist teilweise bis heute noch zugkräftiger Begleiter der Nomadenstämme der Jugakiren zwischen Kolyma und Jana, aber auch der Tschuktschen am Eismeer und an der Behringstraße sowie der Bewohner Kamtschatkas. Neben seinem Haupteinsatzgebiet als Zugtier half er den Menschen höchstwahrscheinlich auch bei der Jagd, gesicherte Aufzeichnungen hierzu gibt es allerdings nicht. Das Leben der Nomaden gestaltete sich wegen des rauen Klimas und der kargen Lebensbedingungen als äußerst hart. Auf ihren ausgedehnten Wanderungen führten die Menschen stets ihren gesamten Hausrat mit sich, gute Schlittenhunde waren für das Überleben und Wohlergehen einer Familie also unerlässlich. Sieben bis zehn Hunde pro Gespann waren die Regel.

Auf dem Weg zu den wenigen Handelsniederlassungen, aber auch um soziale Kontakte zu pflegen, legten die Nomaden oft hunderte von Kilometern zurück. Eine optimale Zugleistung gepaart mit Ausdauer, Zähigkeit und Genügsamkeit machte somit einen guten Schlittenhund aus. Selbst tragende Hündinnen mussten bis zum Werfen vor dem Schlitten arbeiten

Schlittenhunde mussten im rauen Klima ihrer Heimat sehr robust, genügsam und ausdauernd sein; hier überlebten nur die Stärksten und Zähesten.

Basics

und schon die Jungtiere wurden frühzeitig mit dem Zuggeschirr vertraut gemacht. Im Sommer gab es kein Futter für die Hunde, die Versorgung blieb den Huskys selbst überlassen. Eine Hundehütte kannten die Vierbeiner nicht. Sie mussten eisigster Kälte trotzen, stets draußen in gegrabenen Kuhlen übernachten und sich einschneien lassen. Unter diesen harten Bedingungen überlebten nur die zähesten Hunde, somit fand natürlicherweise bereits eine sehr strenge Auslese statt. Hin und wieder wurde nach erfolgreich verlaufenden Reisen auch ein Hund den Göttern zum Dank geopfert.

Der Siberian Husky erobert den Westen

Im Westen erlangte der Siberian Husky, der damals noch unter dem Namen „Chukchi" bekannt war, erst 1909 durch den russischen

Das Leben in Ostsibirien war hart: Selbst tragende Hündinnen genossen keinen Sonderstatus und wurden bis zum Werfen vor den Schlitten gespannt.

Pelzhändler William Goosak Bekanntheit. Er startete mit seinen Hunden beim „All Alaska Sweepstake"-Rennen in Alaska. Zunächst wurden die deutlich kleineren und leichteren Vierbeiner nur belächelt und als „sibirische Ratten" bezeichnet. Nachdem sie jedoch einen hervorragenden dritten Platz belegten, erregten sie großes Aufsehen und Interesse. John Johnson rückte die zierlichen Vierbeiner ein Jahr später erneut ins Rampenlicht, als er bei derselben Rennveranstaltung einen Geschwindigkeitsrekord aufstellte, der erst 1983 gebrochen werden konnte. Schon bald danach setzte ein reger Handel mit Hunden zwischen Sibirien und Alaska ein, allerdings waren diese Huskys noch längst nicht rein gezüchtet.

Erst der norwegische Goldsucher Leonard Seppala setzte sich für die Reinzucht der sibirischen Schlittenhunde ein. Er übernahm 1914 einige Hunde, die Amundsen eigentlich für seine Nordpolexpedition gekauft, wegen des Kriegsausbruchs dann aber doch nicht eingesetzt hatte und baute mit ihnen eine Zucht auf.

Legendär war der Einsatz eines Huskygespannes von Leonard Seppala, das während einer Diphterieepidemie in der Stadt Nome das lebensrettende Serum herbeischaffte.

Von den Ursprüngen zur Reinzucht

Der russische Pelzhändler William Goosak machte den Sibirien Husky im Westen bekannt. Er startete sehr erfolgreich bei einem Schlittenhunderennen in Alaska und erregte damit große Aufmerksamkeit.

Leonard Seppala als Begründer der Reinzucht

Während in Alaska immer weniger Schlittenhunderennen stattfanden und somit auch die Husky-Zucht nachließ, breitete sich der sibirische Vierbeiner in den USA und in Kanada rasch aus. Seppala reiste mit seinen Hunden in die USA, um dort vor Ort das Wesen der Huskys und die Arbeit mit ihnen vor dem Schlitten zu demonstrieren. Dadurch wurde das Interesse an den Vierbeinern immer größer. 1930 erkannte der American Kennel Club (AKC) die Rasse offiziell an. Es erfolgten die ersten Eintragungen unter dem Namen „Siberian Husky" in

Durch Siege bei Rennen in den Jahren 1915, 1916 und 1917 setzte Leonard Seppala den Triumphzug des Huskys fort. Sein züchterisches Bestreben war es nun, etwas größere Hunde und eine Vereinheitlichung des Aussehens zu erzielen. Aus seiner Zucht gingen etliche erfolgreiche Siberian Huskys an Schlittenhundeführer (= Musher) in die USA und nach Kanada. Mit diesen Hunden wurden dort Zuchtlinien aufgebaut, die teilweise bis heute noch bestehen. Seppala trug weiter zur Bekanntheit des Huskys in den USA und Europa bei, als er seine Hunde als Zugtiere bei einer mitten im Winter ausgebrochenen Diphtherieepidemie in der Stadt Nome in Alaska zur Serumbeschaffung einsetzte. Da die nächste Bahnstation 550 km von Nome entfernt lag, entschloss man sich, das dringend benötigte Serum mittels Hundeschlitten herbeizuschaffen. Seppala zog mit seinem Gespann von Nome aus einer Schlittenhundestafette entgegen und nahm nach 169 Meilen das Serum in Empfang. Trotz eines schlimmen Blizzards kehrte er sofort um und brachte das lebensrettende Serum unversehrt nach Nome. Er und seine Huskys wurden fortan als Helden gefeiert.

In den 1930er-Jahren war der Husky so beliebt, dass Schlittenhunde sogar bei den Olympischen Spielen in Lake Placid vorgestellt wurden.

das Zuchtbuch des AKC und zwei Jahre später die Veröffentlichung eines ersten Rassestandards. Der Husky-Boom war inzwischen so groß, dass man 1932 Schlittenhunde sogar bei den Olympischen Spielen in Lake Placid vorstellte. Nach seinen Reisen ließ sich Seppala in Neuengland nieder. Hier begeisterte er weitere Liebhaber für sein Zuchtprogramm. Neue Zwinger entstanden, sodass Neuengland bald zum bedeutendsten Zentrum der Zucht von Siberian Huskys in den USA aufstieg. Als Zuchtziel galt es, neben der Erhaltung des Leistungsvermögens der Hunde auch eine optisch ansprechende Erscheinung hervorzubringen, die selbst im Ausstellungsring eine gute Figur macht. Noch heute gehen die meisten der in amerikanischen Zuchtbüchern verzeichneten Siberian Huskys auf Seppalas Blutlinien zurück. Nach dem Zweiten Weltkrieg nahm man sich erneut und mit großem Eifer auch in Alaska wieder der Husky-Zucht an.

Der Husky auf Siegeszug in Europa

Nach Europa kam der sibirische Schlittenhund in den 1950er-Jahren. Die ersten Exemplare importierte man aus Nordamerika. Bei der Suche nach einer artgerechten Auslastung der Vierbeiner kamen die Rasseliebhaber auch in unseren Breiten auf den Schlittenhundesport, der innerhalb kurzer Zeit äußerst beliebt wurde. Dies verhalf dem Husky schnell zu großer Popularität und so stieg die Zahl der sibirischen Hunde rasch an. 1967 erfolgte die erste Registrierung eines Siberian Huskys in Deutschland. 1968 gründete sich der Deutsche Club für Nordische Hunde (DCNH) e.V., der zunächst die alleinige Betreuung der Rasse innerhalb des VDHs übernahm. Daraus spalteten sich 1991 schließlich einige Züchter und Musher ab, die gemeinsam den Siberian Husky Club Deutschland (SHC) e.V. gründeten, der ebenfalls dem VDH angehört.

Herkunft des Rassenamens

Die Herkunft des Rassenamens ist nicht gänzlich geklärt. Manche Kynologen vertreten die Meinung, die Bezeichnung sei von der etwas heiser und rau klingenden Stimme der Hunde abgeleitet worden. Andere Quellen sehen im Wort „Husky" die Abwandlung eines Schimpfwortes für „Eskimo" (kurz: „Esky"), das auch auf die Hunde der Eskimos übertragen wurde. Mit der Zeit bezeichnete man schließlich alle Hunde mit dichtem Fell, buschiger Rute und Stehohren, die einen Schlitten zogen als „Huskys". Letztendlich schufen die Amerikaner dann den später auch von der FCI offiziell anerkannten Rassenamen „Siberian Husky".

Schlittenhundesport wurde auch in Europa, mit Verbreitung der Rasse, schnell populär.

Laut Standard ist der Siberian Husky ein mittelgroßer Arbeitshund, der sich in der Bewegung schnell, leichtfüßig, frei und elegant zeigt.

Rassestandard

Im Standard ist festgehalten, wie ein perfekter Hund einer Rasse auszusehen hat. Aber auch ein kurzer Einblick in Veranlagung und Wesen wird hier gegeben.
Der Rassestandard des Siberian Huskys wurde vom American Kennel Club festgelegt und in etwa von der FCI übernommen.

FCI-Standard Nr. 270 / 24.01.2000 / D
Übersetzung Mrs J. Turnbull und Harry G. A. Hinckeldeyn

Ursprung USA
Datum der Publikation des gültigen Originalstandards 02.02.1995
Verwendung Schlittenhund

Klassifikation FCI Gruppe 5 Spitze und Hunde vom Urtyp.
Sektion 1 Nordische Schlittenhunde.
Ohne Arbeitsprüfung.

Allgemeines Erscheinungsbild Der Siberian Husky ist ein mittelgroßer Arbeitshund, schnell, leichtfüßig, frei und elegant in der Bewegung. Sein mäßig kompakter, dicht behaarter Körper, die aufrecht stehenden Ohren und die buschige Rute weisen auf die nordische Herkunft hin. Seine charakteristische Gangart ist fließend und scheinbar mühelos. Er ist (nach wie vor) äußerst fähig, seine ursprüngliche Aufgabe als Schlittenhund zu erfüllen und leichtere Lasten in mäßigem Tempo über große Entfernungen zu ziehen. Die Proportionen und die Form seines Körpers spiegeln dies grundlegend ausgewogene Verhältnis von Kraft, Schnelligkeit und Ausdauer wider. Die Rüden sind maskulin, aber niemals grob; die Hündinnen sind feminin, aber ohne Schwächen im Aufbau. Ein Siberian Husky in richtiger Kondition, mit gut entwickelten, straffen Muskeln, hat kein Übergewicht.

Wichtige Proportionen
Die Länge des Körpers, gemessen vom Schultergelenk bis zum Sitzbeinhöcker, übertrifft ein wenig die Widerristhöhe.
Der Abstand von der Nasenspitze bis zum Stopp ist gleich dem vom Stopp bis zum Hinterhauptbein.

Typisch für den hübschen Vierbeiner ist ein freundliches, sanftmütiges, aufmerksames und kontaktfreudiges Wesen.

Ein blaues und ein braunes Auge können vorkommen und sind durchaus als rassetypisch anzusehen.

Verhalten/Charakter Das charakteristische Temperament des Siberian Husky ist freundlich und sanftmütig, aber auch aufmerksam und kontaktfreudig.
Er zeigt weder die besitzbetonenden Eigenschaften eines Wachhundes, noch ist er allzu misstrauisch gegenüber Fremden oder aggressiv gegenüber anderen Hunden. Von einem erwachsenen Hund darf ein gewisses Maß an Zurückhaltung und Würde erwartet werden. Seine Intelligenz, Lenkbarkeit und sein Eifer machen ihn zum angenehmen Begleiter und willigen Arbeiter.

Kopf – Oberkopf
Schädel Von mittlerer Größe und passend zum Körper, oben leicht gerundet und sich von der breitesten Stelle zu den Augen hin verjüngend.
Stopp Gut ausgeprägt.

Gesichtsschädel
Nasenschwamm Schwarz bei grauen, lohfarbenen und schwarzen Hunden; leberfarben, selten schwarz bei kupferfarbenen Hunden. Bei rein weißen Hunden kann er fleischfarben sein. Die rosastreifige „Schneenase" ist zu akzeptieren.
Fang Von mittlerer Länge und von mittlerer Breite, sich zur Nase hin allmählich verjüngend, jedoch nicht spitz oder quadratisch endend.
Der Nasenrücken ist gerade vom Stopp bis zur Nasenspitze.
Lefzen Gut pigmentiert und eng anliegend.
Kiefer/Zähne Scherengebiss.
Augen Mandelförmig, mäßig auseinander liegend und etwas schräg gelagert. Die Augen können braun oder blau sein, wobei ein braunes und ein blaues Auge sowie mehrfarbige Augen zu akzeptieren sind. Ausdruck durchdringend, aber freundlich, interessiert und sogar schelmisch.
Ohren Von mittlerer Größe, dreieckig, eng beieinander stehend und hoch angesetzt. Sie

Bei weißen Hunden kann der Nasenschwamm entweder schwarz oder auch fleischfarben sein.

sind dick, gut behaart, hinten leicht gewölbt, absolut aufrecht stehend, mit leicht abgerundeten, aufgerichteten Spitzen.

Hals Mittlere Länge, gebogen, im Stand stolz aufgerichtet. Im Trab ist der Hals so gestreckt, dass der Kopf leicht vorgelagert getragen wird.

Körper
Rücken Gerade und kräftig, mit vom Widerrist zur Kruppe waagerecht verlaufender oberer Linie. Er ist von mittlerer Länge, weder verhältnismäßig kurz noch weich nachgebend wegen übermäßiger Länge.
Lenden Straff und trocken bemuskelt, schmaler als der Brustkorb und leicht aufgezogen.
Kruppe Leicht abfallend, doch niemals so steil, dass der Schub der Hinterläufe beeinträchtigt wird.
Brust Tief und kräftig, aber nicht zu breit; der tiefste Punkt liegt unmittelbar hinter und auf gleicher Höhe mit den Ellbogen. Die Rippen sind gleich am Ansatz an der Wirbelsäule gut gewölbt, an den Seiten aber flacher, um einen freien Bewegungsablauf zu erlauben.
Rute Die gut behaarte Rute hat die Form einer Fuchslunte, die knapp unterhalb der oberen Linie angesetzt ist. In der Bewegung wird sie in einem eleganten, sichelförmigen Bogen über den Rücken getragen. Dabei tippt sie weder auf dem Rücken auf, noch soll sich die Rute weder an der einen noch an der anderen Seite des Körpers ringeln, auch soll sie nicht flach auf den Rücken gedrückt werden. Eine hängende Rute ist normal, wenn der Hund ruhig und gelassen steht. Das Haar an der Rute ist mittellang und rundum annähernd gleich lang, wodurch die Rute wie eine runde Bürste aussieht.

Gliedmaßen
Vorderhand Von vorne betrachtet, stehen die Läufe in mäßigem Abstand auseinander, parallel und gerade. Die Knochen sind substanzvoll, aber nie schwer. Die Länge der Läufe vom Ellbogen bis zum Boden ist etwas größer

Das Gangwerk wirkt schwungvoll, scheinbar mühelos und leichtfüßig.

Die Vorderläufe stehen in mäßigem Abstand auseinander, sind parallel und gerade.

Basics

als der Abstand vom Ellbogen zum Schulterblattkamm.
Schultern und Oberarm Schulterblatt gut zurückliegend. Der Oberarm ist vom Schultergelenk zum Ellbogen etwas nach hinten gerichtet und nie senkrecht zum Boden. Die Muskeln und Bänder, die die Schulterblätter am Rippenkorb halten, sind straff und gut entwickelt.
Ellbogen Eng am Körper anliegend, weder ein- noch ausgedreht.
Vorderfußwurzelgelenk Kräftig, aber biegsam.
Vordermittelfuß Von der Seite betrachtet, leicht schräg gestellt.
Hinterhand Von hinten betrachtet stehen die Läufe in mäßigem Abstand auseinander und parallel.
Oberschenkel Gut bemuskelt und kraftvoll.
Knie Gut gewinkelt.
Sprunggelenke Zeichnen sich gut ab und sind bodennah platziert.
Pfoten Oval, aber nicht lang, von mittlerer Größe, kompakt und gut behaart zwischen den Zehen und Ballen. Die Ballen sind widerstandsfähig und dick gepolstert. Im natürlichen Stand zeigen die Pfoten weder nach innen noch nach außen.

Gangwerk

Schwungvoll und scheinbar mühelos. Der Siberian Husky ist flink und leichtfüßig. Im Ausstellungsring sollte er an einer locker hängenden Leine in einem mäßig schnellen Trab vorgestellt werden, dabei guten Vortritt und Schub zeigend. Der sich im Schritt bewegende Siberian Husky, von vorne nach hinten betrachtet, zeigt keinen bodenengen Gang; doch wenn er schneller läuft, tendieren die Läufe nach und nach zur Mitte hin, bis die Pfoten auf eine Linie gesetzt werden, die genau unter der Längsachse des Körpers verläuft. Wenn

Die buschige Rute hat die Form einer Fuchslunte. In Bewegung und bei Erregung wird sie sichelförmig gebogen über dem Rücken getragen.

die Abdrücke der Pfoten sich decken, bewegen sich die Vorder- und Hinterläufe geradeaus gerichtet, Ellbogen oder Kniegelenke drehen weder ein noch aus. Die Läufe bewegen sich parallel. Während der Bewegung bleibt die obere Linie straff und gerade.

Haarkleid

Haar Das Haarkleid des Siberian Husky ist doppelt und mittellang, hat ein schönes, pelzartiges Aussehen, ist aber niemals so lang, dass es die klaren Außenlinien des Hundes verdeckt. Die Unterwolle ist weich und dicht und von genügender Länge, um das Deckhaar zu stützen.

Beim Husky sind eine Vielzahl von Farben und deren Kombinationen erlaubt.

Die längeren, steifen Haare des Deckhaares sind gerade und etwas anliegend, nie harsch und nicht gerade abstehend vom Körper. Es sollte beachtet werden, dass das Fehlen der Unterwolle während des Haarwechsels normal ist. Das Kürzen der Haare zwischen den Zehen und um die Pfoten herum ist erlaubt, um ein gepflegtes Äußeres zu betonen. Das Trimmen des Haarkleides an jeder anderen Stelle sollte nicht geduldet und streng bestraft werden.

Farbe Alle Farben von schwarz/weiß, grau/weiß über Kupfer/weiß, beige/weiß bis rein weiß sind erlaubt. Eine Vielfalt von Zeichnungen am Kopf ist üblich, einschließlich mancher auffallender Muster, die bei anderen Rassen nicht zu finden sind.

Größe und Gewicht

Ideale Widerristhöhe Rüden 53,5-60 cm, Hündinnen 50,5-56 cm.
Gewicht Rüden 20,5-28 kg, Hündinnen 15,5-23 kg.
Das Gewicht steht im richtigen Verhältnis zur Widerristhöhe. Die genannten Größen und Gewichte bezeichnen die äußersten Grenzen, ohne einem Extrem den Vorzug zu geben. Übermäßige Knochenstärke oder Übergewicht sollte bestraft werden.

Fehler

Jede Abweichung von den vorgenannten Punkten muss als Fehler angesehen werden, dessen Bewertung in genauem Verhältnis zum Grad der Abweichung stehen sollte.
Schädel Plumper oder schwerer Kopf; zu fein gemeißelter Kopf.
Stopp Nicht genügend ausgeprägt.
Fang Entweder zu fein oder zu grob, zu kurz oder zu lang.
Kiefer/Zähne Jede Abweichung vom Scherengebiss.
Augen Zu schräg oder zu dicht beieinander liegende Augen.

Die Schulterhöhe eines Siberian Huskys liegt je nach Geschlecht zwischen 50 und 60 cm.

Ohren Zu groß im Verhältnis zum Kopf; zu weit auseinander stehend; nicht fest aufrecht stehend.
Hals Zu kurz und dick, zu lang.
Rücken Schwacher oder nachgebender Rücken; gewölbter Rücken; abfallende obere Linie.
Brust Zu breit; tonnenförmiger Brustkorb; Rippen zu flach oder schwach.
Rute Angedrückte oder eng geringelte Rute; sehr buschige Rute; Rute zu tief oder zu hoch angesetzt.

Die buschige Rute ist für Huskys im arktischen Klima lebenswichtig, denn sie schützt nachts den Kopf des Hundes und wirkt wie ein Luftfilter und -vorwärmer.

Basics

Bei Rüden und Hündinnen muss erkennbar sein, dass sie beide zu ausdauernden Leistungen fähig sind.

Schultern Steile Schultern; lose Schultern.
Vorderhand Schwacher Vordermittelfuß; zu schwere Knochen; zu enger oder zu weiter Stand; ausgedrehte Ellbogen.
Hinterhand Gestrecktes Knie, kuhhessig, zu enger oder zu weiter Stand.
Pfoten Nachgebende oder gespreizte Zehen; Pfoten zu groß und plump, zu klein und zart; zeheneng oder zehenweit.
Gangwerk Kurze, tänzelnde, elastische, schwerfällige oder rollende Gangart, kreuzend oder schräg laufend.
Haar Langes, raues oder struppiges Haarkleid; zu harsche oder zu seidige Textur; getrimmtes Haarkleid.

Ausschließende Fehler
- Aggressiv oder ängstlich.
- Rüden über 60 cm und Hündinnen über 56 cm.
- Hunde, die deutlich physische Abnormalitäten oder Verhaltensstörungen aufweisen, müssen disqualifiziert werden.

Wussten Sie schon …?
Die buschige Rute des Siberian Huskys ist mit besonders steifem Stockhaar ausgestattet und verfügt über wenig bis gar keine Unterwolle. Rollt sich der Hund über Nacht im Freien ein, steckt er seine Schnauze unter die Rute. Wird der Husky dann eingeschneit, wirkt die Rute als Schutz für seinen Kopf und als Luftfilter sowie Luftvorwärmer. Die buschige Rute ist also ein lebenswichtiger Teil für einen Vierbeiner, der unter arktischen Bedingungen lebt und arbeitet.

Zusammenfassung
Die wichtigsten Rassemerkmale des Siberian Husky sind mittlere Größe, angemessene Knochenstärke, harmonische Proportionen, leichte und freie Bewegungen, richtiges Haarkleid, ansprechender Kopf und ansprechende Ohren, korrekte Rute und gute Wesensart. Bestraft werden sollten zu schwere Knochen, übermäßiges Gewicht, gebundene oder schwerfällige Gangart, langes, raues Haarkleid. Ein Siberian Husky sollte nie so schwer oder grob erscheinen wie ein Zughund, aber auch nicht so leicht und zart wie ein Rennhund. Rüden und Hündinnen sollen erkennen lassen, dass sie zu großer Ausdauer fähig sind. Außer den oben erwähnten Fehlern sind morphologische Fehler, die alle Rassen gemeinsam haben, beim Siberian Husky ebenso unerwünscht, wie bei jeder anderen Rasse, auch wenn sie hier nicht besonders erwähnt sind.

Nachbemerkung
Rüden müssen zwei offensichtlich normal entwickelte Hoden aufweisen, die sich vollständig im Hodensack befinden.

Obwohl Huskys sehr anschmiegsam und anhänglich sind, bewahren sie sich doch immer auch ein gewisses Maß an Eigenständigkeit.

Verhalten und Charakter

Hierzulande gilt der Siberian Husky als die beliebteste Schlittenhunderasse. Kein Wunder, schließlich verfügt der hübsche Vierbeiner nicht nur über ein sehr ansprechendes Aussehen, sondern auch über ein äußerst liebenswertes Wesen. Jedoch handelt es sich beim Husky um eine sehr anspruchsvolle Rasse, die sicherlich nicht für jeden geeignet ist. Huskys sind echte Charakterhunde, die individuell sehr verschieden sein können. Dennoch gibt es rassespezifische Eigenschaften, die allen Vertretern zu eigen sind. Zwar zeigen die arktischen Hunde eine auffallend große Freundlichkeit gegenüber Menschen (jegliche Aggressivität ist ihnen fremd), andererseits wird sich ein Husky nie bedingungslos seinem Herrn ergeben, eine gewisse Eigenständigkeit und Unabhängigkeit bewahrt er sich also immer.

Häufig wird dem Sibirischen Schlittenhund etwas Katzenhaftes nachgesagt, denn einerseits kann er unglaublich verschmust und anschmiegsam sein, andererseits aber auch distanziert und reserviert reagieren. Der Siberian Husky ist ein ausgeprägtes Rudeltier, der immer bei seinem Rudel sein möchte. Ein Rudel kann genauso gut aus nur einem Menschen, wie auch einer ganzen Familie oder mindestens aus einem weiteren Hund bestehen. Für sein perfektes Glück ist eine rassegerechte Auslastung das A und O; nur dann kann er seine positiven Wesenszüge voll entfalten. Einsamkeit oder Langeweile hätten schlimmstenfalls neurotische Verhaltensstörungen zur Folge, die meistens in einer nicht zu kontrollierenden Zerstörungswut enden.

Der sibirische Vierbeiner ist ein absolutes Rudeltier, das gerne mit Artgenossen zusammenlebt.

Arbeitstier braucht Aufgabe

Die rassegerechte Beschäftigung ist sicherlich das Anspannen vor einen Schlitten, beziehungsweise einem Trainingswagen. Hierfür benötigt man auch nicht gleich ein ganzes Hunderudel, denn es gibt Zugmodelle für nur einen oder zwei Vierbeiner. Andererseits wird nicht jeder Huskyhalter die Möglichkeit hierzu haben, schließlich ist das dazugehörige Equipment selbst für einen Hobbymusher nicht gerade billig. Wer es sich dennoch finanziell und auch von den örtlichen Gegebenheiten her leisten kann, sollte seinem zugkräftigen Vierbeiner diese Freude unbedingt machen. Jedoch gibt es auch bei den Huskys einige Vertreter, die keinen Gefallen an der Zugarbeit finden. In einem solchen Fall besteht die Möglichkeit, den Bewegungsdrang des Vierbeiners durch eine flotte Fahrradtour zu stillen.

Für den Hundesport wie beispielsweise Agility oder Turnierhundesport (THS) sind Schlittenhunde nicht besonders geeignet, da ein Husky nie wie am Schnürchen folgen wird wie zum Beispiel ein Border Collie oder Schäferhund. Häufig zeigt der clevere Schlittenhund seinen eigenen Kopf. Dies darf nicht als Charakterschwäche ausgelegt werden, sondern liegt vielmehr in seiner angeborenen Selbstständigkeit begründet; schließlich war der pelzige Vierbeiner in seiner rauen Heimat außerhalb eines Arbeitseinsatzes vor dem Schlitten mehr oder weniger auf sich alleine gestellt. Er musste also selbstständig handeln und entscheiden, was gut für ihn ist und was nicht.

Da allen Huskys das Rennen nach wie vor stark im Blut liegt, sind sie eigentlich für jede flotte Sportart zu begeistern. So können sie ihren Bewegungsdrang bei einer ausgedehnten Radtour ebenso gut ausleben wie bei einer längeren Joggingrunde oder dem Anspannen vor einem Roller. Normales Spazierengehen lastet den temperamentvollen Schlittenhund nicht wirklich aus, zumal man ihn wegen des großen angeborenen Jagdtriebes meist nicht von der Leine lassen kann. Ein Husky-Halter sollte also selbst einen Sinn für Sport haben oder zumindest lange und vor allem flotte Hunderunden auch bei schlechtem Wetter nicht scheuen.

Der große Bewegungsdrang muss täglich bei jedem Wetter angemessen befriedigt werden. Normales Spazierengehen ist der Rasse auf Dauer zu wenig.

Kreativität ist gefragt

Die Erziehung des sibirischen Vierbeiners ist nicht ganz einfach. Daher ist ein Husky auch nur bedingt für Anfänger geeignet. Wie bereits erwähnt, ist der nordische Bewegungsfetischist keine unterwürfige Hunderasse. Kommandos, die ihm nicht sinnvoll erscheinen, versucht er mit einer charmanten Sturheit zu umgehen. Hält er es aber für angemessen, zeigt er sich sehr eifrig und lernwillig. Die richtige Motivation, außerordentlich viel Geduld und Einfühlungsvermögen sowie große Konsequenz von Anfang an, spielen bei der Erziehung eines Huskys eine entscheidende Rolle. Auch

Ein Husky kann nicht nur aussehen wie ein Clown, häufig steckt auch ein ganz großer in ihm, was wiederum eine bestimmte, durchsetzungsfähige Hand verlangt.

Eine ganzjährige Außenhaltung ist nur ratsam, wenn der soziale Vierbeiner Gesellschaft von Artgenossen hat.

Humor kann im Umgang mit dem vierbeinigen Schelm, der selbst gerne mal zum Clown mutiert, helfen. Voraussetzung ist natürlich, dass Sie trotzdem stets der Chef bleiben und zwar ein Liebevoller, aber Bestimmter! Zudem ist von Seiten des Halters viel Kreativität gefragt, denn häufig ziehen bei dem sibirischen Schlaukopf herkömmliche Tricks der Hundeerziehung gar nicht. Seien Sie sich grundsätzlich im Klaren darüber, dass ein Husky entweder freiwillig oder gar nicht mitarbeitet. Es empfiehlt sich, von Anfang an eine gute Hundeschule zu besuchen. Auch die Teilnahme an einer Welpenspielgruppe ist sicherlich schon eine wichtige Grundlage für eine optimale Prägung des Hundes. Außerdem wird gerade ein Rudelhund wie der Husky das Zusammensein mit vielen Artgenossen auf einem Hundeplatz genießen.

Bei einer angemessenen Auslastung ist der schöne Vierbeiner im Haus ein ausgeglichener

Basics

und ruhiger Zeitgenosse. Wird er als Einzelhund gehalten, ist er für einen Zwinger absolut ungeeignet. Als eingefleischtes Rudeltier braucht er dann auf jeden Fall intensiven Familienanschluss. Am liebsten ist solch ein Husky immer und überall mit dabei. Alleinbleiben gefällt ihm nicht sonderlich, denn jede Trennung von seinem Rudel bedeutet für ihn Stress. Trotzdem aber kann man auch einen einzeln gehaltenen Hund dazu erziehen, drei bis vier Stunden manierlich zu Hause auf Herrchens oder Frauchens Rückkehr zu warten. Hat der sibirische Vierbeiner dagegen Gesellschaft durch Artgenossen, verhält es sich anders. Dann sind weder die Zwingerhaltung, noch das mehrstündige Wegbleiben seiner Leute ein Problem.

Sanfter Kinderfreund mit Entdeckerdrang

Kinder liebt der Siberian Husky über alles. Vorausgesetzt natürlich, Hund und Kinder werden zu einem richtigen Verhalten und Umgang miteinander angeleitet. Mit ihnen geht er gerne auf Abenteuersuche und ist dabei für jeden Spaß zu haben. Außerdem ist er ein sehr einfühlsamer und sanfter Freund, der sich genau auf die Stimmungslage seiner Besitzer einstellt.

Ein rassegerecht gehaltener Husky ist allem Neuen gegenüber aufgeschlossen, neugierig und anpassungsfähig. Wachsamkeit und ein Beschützerinstinkt sind ihm fremd. Da die Rasse jedoch noch über sehr ursprüngliche Instinkte verfügt, spürt er sofort, wer ein willkommener Besucher ist und wer nicht. Bekannt sind Huskys übrigens auch für ihren hervorragenden Orientierungssinn. Büxt Ihnen

Wenn Kind und Hund schon frühzeitig zu einem respektvollen Umgang miteinander angeleitet werden, ist der Husky ein großer Kinderfreund.

Verhalten und Charakter

Links: Auch im Sommer braucht die nordische Rasse ausreichend Bewegung, dann jedoch lieber in den kühlen Morgen- und Abendstunden, denn Hitze ist nicht unbedingt ihr Ding.

Oben: Da die schnellen Vierbeiner über einen großen Jagdtrieb verfügen, herrscht leider fast immer Leinenzwang.

Bitte bedenken Sie …

Aufgrund ihrer Herkunft lieben Huskys kühle Temperaturen und Schnee. Im Sommer ist es ihnen oft zu heiß. Trotzdem braucht der sibirische Schlittenhund auch in der warmen Jahreszeit ausreichend Bewegung.
Joggingrunden, Radtouren oder Ausfahrten erfolgen dann am besten schon in den frühen Morgenstunden. Langschläfer und Siberian Huskys bilden also sicherlich kein ideales Team.

Ihr Hund also mal aus, ist dies eigentlich kein Grund zur Panik, denn nach Hause findet ein Husky immer, allerdings lässt er sich dabei meist länger Zeit, schließlich gibt es in der „Wildnis" viel Spannendes zu entdecken. Trotzdem sind solche ungeplanten Ausflüge nicht wirklich empfehlenswert, denn leider gibt es in unseren Breiten keine grenzenlose Freiheit wie in der Heimat der Hunde; gefährliche Straßen und Jäger können der unversehrten Rückkehr eines streunenden Huskys einen Strich durch die Rechnung machen. Lassen Sie Ihren Hund also wirklich nur von der Leine, wenn er absolut zuverlässig gehorcht. Leider kommt dies unter den sibirischen Schlittenhunden so gut wie nie vor, daher ist in der Regel ein ausschließlicher Leinenzwang angesagt.

Alles in allem ist der Husky ein absolut gutmütiger, loyaler und treuer Begleiter für sportliche, einfühlsame und konsequente Menschen, die sich gerne viel mit ihrem Hund beschäftigen, auf seine Bedürfnisse rassegerecht eingehen können und auch den gelegentlichen Sturkopf nicht scheuen. Das Leben in einem Rudel ist einem Husky dabei am liebsten!

Der energiegeladene Naturbursche hat es nicht verdient, als Prestigeobjekt in einer Stadtwohnung zu landen.

Der Siberian Husky heute

Nach wie vor liegt dem Siberian Husky das Arbeiten im Blut. Andererseits gilt die Haltung eines Huskys heutzutage in manchen Kreisen als besonders schick. Hier wird jedoch seine einstige Bestimmung als ausdauernder, zäher und eingefleischter Gebrauchshund vergessen, der er nach wie vor immer und überall liebend gerne nachgeht. Oftmals vegetieren solche Prestigeobjekte in einer Stadtwohnung dahin, ohne genügend Aufmerksamkeit zu bekommen. Dies sind äußerst bemitleidenswerte Geschöpfe, lieben es doch alle Huskys, gemeinsam mit ihrem Halter etwas zu bewegen. Zum Glück tun die Rassevereine ihr Übriges dazu,

Der Siberian Husky heute

Wegen ihrer Feinfühligkeit und ihres liebenswerten Wesens eignen sich Huskys auch gut als Therapiehunde für Kinder.

mehr missen. Vor allem Kinder finden in dem charmanten Vierbeiner einen liebevollen und zarten Seelentröster, wenn es darauf ankommt aber auch einen lustigen Clown, der gekonnt von Alltagsproblemen und Krankheiten ablenkt.

Für einen glücklichen, ausgeglichenen Husky gilt: Hauptsache Abwechslung und viel, viel Bewegung, dann ist der intelligente Vierbeiner rundum zufrieden.

den ursprünglichen Hauptberuf des Siberian Huskys, nämlich das Ziehen von Schlitten oder leichten Wagen, nicht in Vergessenheit geraten zu lassen. So werden neben Trainingsseminaren und Spaßrennen auch Wettkämpfe angeboten. Da die eigentliche Bestimmung des arbeitsamen Vierbeiners im Einsatz vor dem Schlitten liegt und zudem etliche Huskys auf diese Weise gefordert werden, ist dem Schlittenhundesport ein eigenes Kapitel in diesem Buch gewidmet.

Alternativen zum Schlittenhundesport

Trotzdem muss ein Husky-Halter nicht unbedingt Musher sein, um seinen Hund glücklich zu machen. Er ist ein toller Freizeitkamerad, der seine Leute gerne täglich auf Radtouren oder beim Joggen begleitet. Im Winter eignet er sich hervorragend für das Skijöring (siehe Kapitel „Begleiter in Freizeit und Alltag") oder als Zughund für den Kinderschlitten.

Wegen seiner Feinfühligkeit, Menschenfreundlichkeit und seines liebenswerten, souveränen Auftretens ist das intelligente Arbeitstier ebenfalls ein idealer Therapiehund. Altenheime, Krankenstationen oder Einrichtungen für Behinderte, die jemals mit einem Husky zusammenarbeiten durften, möchten ihn nicht

Kennen Sie den Alaskan Husky?

Der Alaskan Husky ist im Gegensatz zum Siberian Husky keine von der FCI anerkannte Hunderasse. Seine Züchter wollten mit ihm einen optimalen Schlittenhund für Rennen schaffen. Wie der Name bereits vermuten lässt, entstand er Anfang des 20. Jahrhunderts in Alaska aus Verpaarungen zwischen importierten Tschuktschen-Hunden mit vorhandenen Indianerhunden. Zudem kreuzte man Birddogs (z. B. Irish oder Gordon Setter, Golden oder Labrador Retriever) sowie später auch Pointer und Windhunde mit ein. Hieraus bildete sich bis heute eine Vielzahl an Zuchtlinien heraus, die alle sehr in ihrem Erscheinungsbild variieren. Inzwischen reicht die Palette der Alaskans vom 50 kg schweren Trapperhund bis hin zum 17 kg leichten Rennhund. Wichtiger als ein einheitliches Aussehen waren den Züchtern seit jeher die Gebrauchseigenschaften. So ist allen Alaskans eine geringe Aggressivität, ein gutes Sozialverhalten sowie wenig bis gar kein Jagdtrieb gemeinsam. Außerdem verfügen sie über einen unbändigen Willen zum Laufen („desire to go"), harte und zähe Pfoten, Ausdauer, Genügsamkeit sowie eine große Anhänglichkeit an den Menschen. Gegen Ende der 1970er-Jahre fasste der Alaskan Husky bei Schlittenhunderennen erfolgreich Fuß, häufig zum Unmut einiger Musher reinrassiger Schlittenhunde.

Vorüberlegungen und Anschaffung

Anforderungen an den Halter

Die Anschaffung eines Huskys muss gut überlegt werden, denn von seinem Bewegungsdrang her ist der sibirische Vierbeiner sehr anspruchsvoll.

Fragen, die vorab zu klären sind

Überlegen Sie die Anschaffung eines Siberian Huskys gut, immerhin liegt seine durchschnittliche Lebenserwartung bei etwa 13 bis 14 Jahren. Bedenken Sie daher schon im Vorfeld genau, ob es Ihnen finanziell möglich ist, für sämtliche Kosten, die der Hund mit sich bringt, über Jahre hinweg aufzukommen. Neben den Kosten für die Grundausstattung sowie für den Erwerb des Hundes selbst, schlägt sich die tägliche Futterration natürlich deutlich in Ihrem Geldbeutel nieder, zumal ein mittelgroßer, kräftiger Hund wie der Siberian Husky mehr Futter benötigt als ein kleiner. Zusätzlich müssen Sie eine Haftpflichtversi-

Anforderungen an den Halter

cherung sowie regelmäßige Impfungen und Entwurmungen bezahlen. Schnell kann Ihr Vierbeiner auch unvorhergesehen erkranken, unter Umständen sind sogar langwierige und teure tierärztliche Behandlungen nötig.
Überlegen Sie außerdem, ob die äußeren Gegebenheiten stimmen. Haben Sie genug Platz für einen Husky? Der vierbeinige Naturbursche passt nicht unbedingt in ein Hochhaus in der Innenstadt. Auch darf er bei Platzmangel in der Wohnung nicht alleine in einem Zwinger gehalten werden. Als ausgesprochener Rudelhund würde das Sensibelchen hier einzeln gehalten physisch und psychisch verkümmern. Am wohlsten fühlt sich der temperamentvolle Vierbeiner in einem ländlichen Heim mit Garten. Wichtig ist ein genügend hoher und im Boden befestigter (Huskys buddeln gerne ...), intakter Gartenzaun, damit sich der Vierbeiner auch unbeaufsichtigt draußen aufhalten kann, ohne zu entwischen.
Als zukünftiger Hundebesitzer müssen Sie sich außerdem darauf einstellen, dass ein vierbeiniger Mitbewohner viel Dreck mit ins Haus bringt. Ebenfalls darf der Fellwechsel im Frühjahr und Herbst nicht vergessen werden, der an Ihren Kleidern, Polstermöbeln und Teppichen nicht spurlos vorübergeht.
Fragen Sie nach, ob Ihr Vermieter mit der Anschaffung eines Hundes einverstanden ist. Erkundigen Sie sich auch, ob Sie den Hund bei Abwesenheit aller anderen Familienmitglieder, mit ins Büro nehmen dürfen, immerhin bleibt der anhängliche Husky nicht gerne allein, es sei denn, er hat Gesellschaft durch einen Zweithund.
Denken Sie an die Ferienzeit: Sind Sie gewillt, in zukünftigen Urlauben mit Hund eventuelle Abstriche, Zielort und Unternehmungen betreffend, zu machen? So ist ein kälteliebender Schlittenhund nicht begeistert von einem sommerlichen Aufenthalt im heißen Süden. Wollen Sie ohne Hund verreisen, überlegen Sie vorab, ob Sie einen lieben Hundesitter an der Hand hätten oder eine gute Hundepension bezahlen können. Auch manche Züchter nehmen ihren ehemaligen Nachwuchs gerne wieder in Pflege; fragen Sie schon bei der Anschaffung Ihres Welpen nach.

> **Bedenken Sie unbedingt ...**
>
> *Schaffen Sie den Hund nicht für Ihre Kinder an, sondern für sich: Schnell verlieren Kinder das Interesse oder gehen, flügge geworden, aus dem Haus. Sie müssen voll und ganz hinter einer Hundeanschaffung stehen, denn die Hauptarbeit bleibt unter Umständen bald an den Eltern hängen.*

Ein stabiler, ausreichend hoher Gartenzaun ist wichtig, damit sich Ihr Vierbeiner im Freien aufhalten kann, ohne auszubüxen.

Vorüberlegungen und Anschaffung

Der Husky eignet sich gut für sportliche Outdoorfans, die dem rennfreudigen Vierbeiner neben einer angemessenen Bewegung auch Kopfarbeit bieten.

Rassebedürfnisse

Stimmen die finanziellen und äußeren Gegebenheiten, überlegen Sie sich, ob Sie auf Dauer, das heißt ein Hundeleben lang, genügend Zeit und Lust haben, um den Ansprüchen eines Siberian Huskys gerecht zu werden. Der Husky ist ein temperamentvolles Powerpaket, das unbedingt gefordert werden muss, um ausgeglichen und glücklich zu sein. Der schöne Vierbeiner braucht täglich mehrere Stunden Auslauf und zwar bei jedem Wetter. Dabei darf er nicht nur an der kurzen Leine geführt werden, sondern muss richtig rennen und toben können. Er ist sicherlich nichts für Langweiler und Stubenhocker. Viel besser eignet er sich für sportliche Outdoorfans, die einfühlsam, liebevoll und geduldig auf den sensiblen und oftmals etwas eigenwilligen Naturburschen eingehen. Kreative Action und Humor dürfen dabei nicht zu kurz kommen. Teamarbeit ist für den Husky enorm wichtig, so ist er gerne unverzichtbarer Partner seines Halters. Das temperamentvolle Energiebündel liebt Hundesport jeglicher Art und in erster Linie natürlich das Ziehen von Schlitten, speziellen Wagen oder Ähnlichem. Abwechslung ist bei ihm Trumpf. Damit er sich nicht langweilt, darf deshalb auch Kopfarbeit nicht fehlen. Überlegen Sie sich unbedingt vorab, ob Sie gewillt sind, Ihrem hündischen Freizeitpartner die Freude zu machen, jeden Samstag auf einem Hundesportplatz zu verbringen. Trotzdem müssen Sie bei einem Husky stets damit rechnen, dass er seinen Sturkopf aufsetzt und auch mal keine Lust zur Mitarbeit hat. Sehr viel Geduld, Einfühlungsvermögen, Kreativität und große Konsequenz sind für einen Husky-Halter wichtige Voraussetzungen, um mit dieser Rasse wirklich glücklich zu werden.

Das Ziehen steht bei Schlittenhunden nach wie vor hoch im Kurs. Daher ist es bei einem

Die sibirische Schönheit hat ihren eigenen Kopf. Perfektes Folgen ist daher meist nicht drin.

Anforderungen an den Halter

Beachten Sie außerdem ...

Denken Sie vor der Anschaffung eines Siberian Huskys auch an die Masse des ausgewachsenen Hundes. Sie brauchen so viel körperliche Kraft, dass Sie Ihren Vierbeiner im Notfall auch einmal tragen bzw. heben können. Außerdem müssen Sie kräftemäßig in der Lage sein, einen Husky zu halten, wenn er mal einer Katze hinterherjagen oder einen feindlich gesonnenen Artgenossen angehen möchte. Gerade Schlittenhunde können hier, schon von Berufs wegen, Bärenkräfte entwickeln.

Husky natürlicherweise meist deutlich schwieriger als bei anderen Rassen, ihn an ein ordentliches Gehen an der Leine zu gewöhnen, ohne planlos durch die Gegend gezogen zu werden. Trotzdem sollte er seiner angeborenen Leidenschaft nachgehen dürfen, allerdings müssen Sie ihm natürlich erst einmal klar machen, in welchen Situationen er ziehen darf und in welchen nicht. Ein konsequentes Üben von klein auf ist hier bereits wichtig und darf nicht zu kurz kommen. Dies wiederum erfordert von Ihnen viel Zeit und Geduld.

Ein Husky wird trotz großer Anhänglichkeit stets ein gewisses Maß an Eigenständigkeit behalten, nie wie am Schnürchen folgen und auch mal etwas reservierter reagieren. Überlegen Sie sich ganz genau, ob Sie mit diesen rassetypischen Eigenschaften klar kommen. Menschen, die einen Husky als Prestigeobjekt ansehen, werden auf Dauer nicht glücklich mit einem fordernden Lebewesen wie es ein Hund nun mal ist. Auch der Vierbeiner hat hier vermutlich schlechte Karten, mit all seinen Bedürfnissen voll zum Zug zu kommen. Ist es Ihnen jedoch möglich, diese anspruchsvolle Rasse in Ihr Leben zu integrieren, geht es nun an die Auswahl des Hundes.

Bedenken Sie vor einer Anschaffung auch, dass ein ziehender Husky Bärenkräfte entwickeln kann. Sie müssen ihm kräftemäßig also unbedingt gewachsen sein.

Ein Welpe lässt sich noch gut formen. In der Flegelphase kann der Kleine aber auch ganz schön anstrengend und nervenaufreibend sein.

Welpe oder erwachsener Hund?

Steht für Sie die Anschaffung eines Siberian Huskys fest, überlegen Sie sich, ob Sie einen Welpen oder einen erwachsenen Vierbeiner aufnehmen wollen. Ein Welpe ist wie ein Rohdiamant, den Sie erst schleifen müssen. Dies kostet viel Zeit und Geduld, aber sicherlich auch Nerven und Anstrengungen. Ein junger Hund verlangt ständige Zuwendung, anfangs sogar nachts. Es dauert eine Weile bis der kleine Kerl stubenrein ist. Außerdem muss er erst lernen alleine zu bleiben, muss sich an fremde Menschen, Tiere und einen normalen Alltag gewöhnen. Anfangs braucht ein Welpe dreimal am Tag Futter. Da das Hundekind noch einen im Wachstum befindlichen, instabilen Bewegungsapparat hat, auf den sich zu viel Belastung folgenschwer auswirken kann, sind mehrere kurze Spaziergänge sinnvoller als ein ganz langer. Die Erziehung eines jungen Hundes sowie die eventuell etwas renitente Flegelphase werden Sie voll und ganz fordern. Andererseits lässt sich ein Welpe noch gut for-

Die Aufnahme eines älteren Hundes kann eher etwas für Kenner sein, denn die bereits ausgereifte Hundepersönlichkeit legt möglicherweise nach der Eingewöhnung einige bereits eingefahrene Macken an den Tag.

Ihr vierbeiniger Familienzuwachs soll die Möglichkeit haben, sein neues Zuhause in Ruhe ausgiebig erkunden zu können. Dafür braucht er Zeit.

men, er entwickelt sich also größtenteils genau zu dem, zu dem sie ihn machen. Dies gilt natürlich auch im negativen Sinne: Haben Sie nicht von Anfang an eine klare Linie in Ihrer Erziehung, bekommen Sie bald einen aufsässigen, verzogenen Fratz, der Ihnen im Erwachsenenalter schnell über den Kopf wächst.

Mit einem älteren Vierbeiner kann dagegen schon etwas mehr Ruhe in Form einer ausgereiften Hundepersönlichkeit bei Ihnen einziehen. Ein erwachsener Husky ist höchstwahrscheinlich aus dem Gröbsten raus, ist stubenrein, ist mit Halsband und Leine vertraut, kann ab und zu mal alleine bleiben und kennt mindestens die erzieherischen Grundkommandos wie Sitz, Platz, Hier und Pfui – vorausgesetzt natürlich, er genoss bis zu diesem Zeitpunkt ein gutes Zuhause mit einer entsprechenden Prägung. Ist Ihnen allerdings die vollständige Lebensgeschichte Ihres Huskys bis zum Zeitpunkt des Einzuges bei Ihnen unbekannt, kaufen Sie möglicherweise die „Katze im Sack". Der genau Charakter, eventuelle Macken und das Verhalten des Vierbeiners zeigen sich erst im alltäglichen Zusammenleben. Daher kann die Aufnahme eines erwachsenen Hundes eher etwas für Kenner sein.

Eindeutige Regeln und Grenzen sind sehr wichtig für ein harmonisches Miteinander, deshalb muss dem neuen Familienmitglied seine untergeordnete Stellung im Rudel von Anfang an klargemacht werden. Hundeunerfahrene Menschen entscheiden sich also besser für einen Welpen als für einen gänzlich unbekannten erwachsenen Vierbeiner. Ersthalter können mithilfe einer guten Hundeschule gemeinsam mit ihrem Welpen wachsen und lernen. Der Einzug eines Welpen erleichtert auch das Zusammengewöhnen mit eventuellen weiteren Haustieren. Halten Sie bereits einen oder mehrere Hunde, hat ein Welpe noch mehr Narrenfreiheit und wird eher spielerisch, aber doch bestimmt in die Rangordnung der anderen Rudelmitglieder eingewiesen. Bei einem erwachsenen, voll ausgereiften Neuzugang können dagegen gleich heftige Kämpfe um die Rudelposition ausbrechen.

Beachten Sie auch ...

Lassen Sie Ihrem vierbeinigen Neuzugang viel Zeit für die **Eingewöhnung**. *Am besten nehmen Sie sich Urlaub, damit Sie sich erst einmal gegenseitig in Ruhe kennenlernen können. Springen Sie trotzdem nicht den ganzen Tag nur um Ihr neues Familienmitglied herum. Geben Sie Ihrem Hund genug Freiraum, sein jetziges Zuhause selbst zu erkunden. Zeigen Sie ihm andererseits vom ersten Tag an liebevoll, aber bestimmt, was er darf und was nicht. Respektieren Sie auch ausreichende Ruhephasen, in denen Ihr Vierbeiner nicht gestört werden möchte, schließlich sind die vielen neuen Eindrücke anstrengend und ermüdend.*

Ihre Entscheidung, ob Sie eine Hündin oder einen Rüden anschaffen möchten, ist individuell.

Rüde oder Hündin?

Die Wahl des Geschlechts ist Geschmacksache. Husky-Rüden werden etwas größer als Hündinnen. Oft wirken sie imposanter und selbstbewusster in der Körperhaltung. Sie sind in Vielem hartnäckiger und manchmal auch

Zu Beginn der Läufigkeit markiert die Hündin vermehrt.

sturer als Hündinnen. Rüden neigen eher zu Dominanz und zeigen sich härter, weshalb ihre Halter bei der Ausbildung meist etwas mehr Durchsetzungsvermögen brauchen. Ein Rüdenbesitzer muss sich aber auch von Zeit zu Zeit auf einen liebeskranken und somit fürchterlich leidenden Vierbeiner einstellen und zwar dann, wenn eine Hündin in der Umgebung läufig ist. Etliche verliebte Casanovas tun ihren Schmerz um die unerreichbare Angebetete sogar lautstark kund. Diese Heulorgien können wiederum zu Ärger bei den Nachbarn führen. Außerdem erweisen sich viele liebestolle Vertreter als wahre Ausbrecherkönige, wenn es darum geht ihrer „Traumfrau" näher zu kommen. Ein intakter, genügend hoher Gartenzaun ist also bei unkastrierten

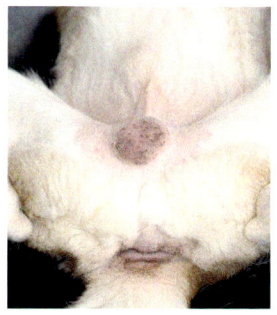

Links: Bei der Kastration eines Rüden werden seine beiden Hoden entfernt.

Rechts: Das ständge Markieren eines Rüden muss man mögen.

Rüden besonders wichtig. Das ständige Markieren eines Rüden ist ebenfalls nicht jedermanns Sache. Hobbygärtner büßen dabei sicherlich die eine oder andere Pflanze ihres Gartens ein. Bei vermeintlich konkurrierenden Artgenossen lassen unkastrierte Rüden gerne den Macho raushängen, der auch mal mit viel Getöse einen Schaukampf um die Rangordnung anzettelt. Solche Auseinandersetzungen sind jedoch meist harmlos, während Hündinnen untereinander, aus der instinktsicheren Sorge um ihren vermeintlichen Nachwuchs, mit echten Beißereien nicht lange fackeln.

In der Regel haben Hündinnen eine zierlichere Statur als Rüden. Machtkämpfe wie sie bei Rüden um die hausinterne Rangordnung vorkommen können, sind bei Hündinnen eher selten. Trotzdem geben sie sich, vor allem hormonell bedingt, auch mal zickig. Eine Hündin wird ein- bis zweimal im Jahr läufig. In diesem Zeitraum, der etwa drei Wochen dauert, ist besondere Vorsicht geboten, damit es nicht zu unerwünschtem Nachwuchs kommt.

Um Flecken im Haus zu vermeiden, ist ein spezielles Hundehöschen mit extra Slipeinlagen aus dem Fachhandel nötig. Daran gewöhnt sich der Vierbeiner in der Regel jedoch schnell, obwohl es immer wieder auch Ausnahmen gibt: Manche Hündinnen versuchen alles, um diese lästige Hose wieder loszuwerden. Wollen Sie die Läufigkeit Ihrer Hündin dauerhaft umgehen, schafft eine Kastration Abhilfe.

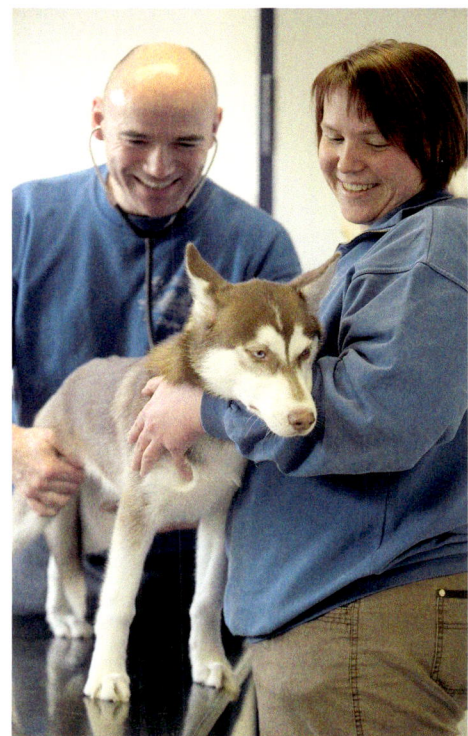

Letzten Endes sollte ein verantwortungsvoller Tierarzt darüber entscheiden, welche Verhütungsmethode die sinnvollste ist.

Verhütung bei Hunden

Bei der Kastration einer **Hündin** nimmt man operativ die Eierstöcke und meist auch die Gebärmutter heraus. Da nun die entsprechenden hormonproduzierenden Drüsen fehlen, ist der Geschlechtstrieb nach einer Kastration völlig ausgeschaltet.
Das Risiko der Hündin, an Gebärmutterkrebs und an einem Gesäugetumor zu erkranken, wird durch die Kastration deutlich vermindert bzw. bei einer Kastration vor der ersten Läufigkeit praktisch ausgeschlossen. Andererseits kann eine so frühe Kastration ein dauerhaft kindlich-kindisches Wesen der Hündin zur Folge haben, denn der Reifeprozess, der durch die Hormone ausgelöst wird, fehlt hier; dies muss jedoch kein Nachteil sein. Bei einer Operation nach der ersten Läufigkeit liegt das Krebsrisiko für die Hündin bei ca. 8 %, nach der zweiten Läufigkeit bei ca. 26 %.
Ein **Rüde** ist kastriert, wenn seine beiden Hoden entfernt wurden.
Kastrierte Tiere werden in der Regel ruhiger. Manche Hunde neigen anschließend verstärkt zu Fettansatz (Futtermenge anpassen), eventuellen Fellveränderungen oder zeigen Inkontinenz. Während man Hündinnen hauptsächlich zur Vermeidung unerwünschten Nachwuchses kastriert, erfolgt die Kastration eines Rüden häufig bei Verhaltensauffälligkeiten.

Selbstverständlich lassen sich Verhaltensauffälligkeiten, die durch Erziehungsfehler des Halters entstanden sind, nicht durch eine Kastration korrigieren.
Manche Rüden haben, bedingt durch zu viel Testosteron, einen übersteigerten Sexualtrieb, der mit Streunen, übertriebenem Imponiergehabe und aggressivem Konkurrenzverhalten gegenüber anderen Rüden einhergeht. Hier oder bei krankhaften Veränderungen der Geschlechtsorgane kann die Kastration eines Rüden durchaus nötig sein.
Beim Rüden wirkt die Kastration auch als vorbeugende Maßnahme gegen Prostataerkrankungen und Perinaltumore (= Zubildungen rund um den After).
Letztendlich liegt es in den Händen eines verantwortungsvollen Tierarztes, individuell zu entscheiden, ob eine Kastration angebracht ist oder nicht.
Eine Alternative zur operativen Trächtigkeitsverhütung stellt die medikamentöse Verhütung mittels Hormonpräparaten dar. Diese Methode sollte allerdings nicht auf längere Zeit eingesetzt werden, denn die hormonelle Manipulation einer Hündin erhöht die Wahrscheinlichkeit einer eitrigen Gebärmutterentzündung, die in der Regel wiederum nur operativ zu behandeln ist.
Eine weitere ganz neue Möglichkeit ist die Verhütung mittels Implantat, das wie ein Mikrochip unter die Haut gespritzt wird und alle sechs Monate ausgetauscht werden muss. Laut Hersteller ist dieses Implantat nebenwirkungsfrei, allerdings ist es nicht ganz billig (ca. 50.- € Materialkosten). Für Hündinnen ist das Verhütungsimplantat noch in der Probephase. Bei Rüden wird es bereits eingesetzt; es zeigt die gleiche Wirkung einer operativen Kastration.

Ein Hund aus dem Tierheim

Möchten Sie einen Hund aus dem Tierheim aufnehmen, brauchen Sie viel Geduld und Einfühlungsvermögen. Da die Vorgeschichte eines solchen Vierbeiners oft völlig im Dunkeln liegt, können unerwartete Verhaltensweisen auftreten. Selbst bei einem Tierheim-Welpen wissen Sie häufig nichts Näheres über seine bisherige Haltung. Eine gute Kinderstube ist sehr wichtig und prägend für eine intakte Hundeseele, jedoch kann hier bei einem Secondhand-Hund bereits einiges schief gelaufen sein, was sich nur schwer wieder ausbügeln lässt. Auch das Wesen der Elterntiere, die Sie im Tierheim meist nicht kennenlernen, ist ein wichtiger Anhaltspunkt für den späteren Charakter Ihres jetzt ausgesuchten Zöglings. Ihr junger oder älterer Husky hat, je nach früheren Erlebnissen, vielleicht schon einige Macken, die Sie erst allmählich herausfinden müssen. Trotzdem lohnt es sich, diese Nuss behutsam zu knacken. Ehe Sie sich endgültig für die Übernahme eines Vierbeiners entscheiden, besuchen Sie ihn bereits mehrmals im Tierheim und gehen Sie oft mit ihm spazieren.

Die Auswahl eines Tierheimhundes erfordert besondere Sorgfalt, schließlich soll der Vierbeiner mit seiner neuen Familie zu einem echten Glückspilz und nicht, nach seinen ersten auftauchenden Eigenarten, zum erneut abgeschobenen Pechvogel werden. Setzen Sie sich

In der Regel erfordert die Übernahme eines Secondhand-Hundes Erfahrung und viel Feingefühl.

und den Hund von Anfang an nicht unter Druck. Geben Sie sich für die Gewöhnung aneinander unbedingt ausreichend Zeit. Erklären Sie auch Ihren Kindern schon im Vorfeld, dass der neue Vierbeiner erst einmal Ruhe und Behutsamkeit zur Eingewöhnung braucht. Bevor sie auf ihn zustürmen und ihn streicheln wollen, sollten auch sie erst einmal genau beobachten, wahrnehmen und abwarten.

Beachten Sie ...

Die Übernahme eines Tierheimhundes erfordert in der Regel Hundeerfahrung, denn wie erwähnt, liegt die Vergangenheit des Vierbeiners häufig im Dunkeln. Manche Tierheimhunde erscheinen auf den ersten Blick unkompliziert und anpassungsfähig; in unterschiedlichen, oft ganz banalen Situationen des Alltags holen sie jedoch rasch frühere schlechte Erlebnisse ein und lassen sie dementsprechend reagieren. Für Anfänger wird dies unter Umständen zu einem unlösbaren Problem. Hundeerfahrene Menschen können sich dagegen kompetenter und souveräner darauf einstellen und damit auseinandersetzen. Erstlingshaltern sei daher geraten, zunächst einmal einen Siberian-Husky-Welpen von einem seriösen VDH- bzw. FCI-Züchter zu nehmen.

Auswahl von Züchter und Hund

Sowohl die Elterntiere als auch die Welpen müssen sich aufgeschlossen und neugierig zeigen. Keinesfalls sollten sie ängstlich oder aggressiv wirken.

Entscheiden Sie sich für die Aufnahme eines Welpen von einem Züchter, bekommen Sie eine aktuelle Wurfliste über die Welpenvermittlung der dem VDH angeschlossenen Rassevereine. Suchen Sie bereits einen Züchter aus, der die Ihren Ansprüchen entsprechende Zuchtlinie züchtet: Soll Ihr Siberian Husky ein reiner Familienhund sein, ist die Standardzucht ratsam. Möchten Sie Ihren Vierbeiner dagegen später professionell als Schlittenhund einsetzen, wählen Sie einen Husky aus einer Leistungszucht. Vergleichen Sie verschiedene Zwinger kritisch vor Ort miteinander. Nehmen Sie die Zuchtstätte genau unter die Lupe und kaufen Sie nicht den erstbesten Welpen vom erstbesten Züchter. Scheuen Sie sich nicht vor weiten Anfahrtswegen, immerhin geht es um die sorgfältige Auswahl eines neuen Familienmitglieds, mit dem Sie viele glückliche Jahre teilen möchten. Stellen Sie sich auch auf eine eventuelle Wartezeit ein, denn häufig wird nur auf Nachfrage hin gezüchtet. Dies ist allerdings ein gutes Zeichen, spricht es doch für eine reine Hobbyzucht, die primär an die Hunde und nicht an den Profit denkt. Trotzdem muss Ihnen ein gesunder Siberian-Husky-Welpe einiges Wert sein: Der durchschnittliche Welpenpreis liegt derzeit bei etwa 1000.- €.

Achten Sie darauf, dass die Welpen mit vollem Familienanschluss aufwachsen und sich bei Ihrem Besuch interessiert, selbstbewusst und freundlich zeigen. Sie sind gut genährt und sehen rundum gesund aus. Die Welpen dürfen weder ängstlich noch aggressiv reagieren. Nehmen Sie außerdem die Mutter und, falls anwesend, auch den Vater sowie deren Gesundheitszeugnisse gründlich in Augenschein.

Auswahl von Züchter und Hund

Finger weg von dubiosen Geschäftemachern. Nur mit einem VDH- bzw. FCI-Welpen haben Sie die Gewähr, keine kranke Mogelpackung zu bekommen.

Beide Elterntiere müssen Ihnen gegenüber zutraulich und freundlich sein.
Achten Sie unbedingt auf Sauberkeit und Hygiene in der Zuchtstätte sowie auf einen Auslauf mit genügend Spielmöglichkeiten für die Kleinen.
Ein guter Züchter interessiert sich sehr für Sie, Ihr Umfeld und eventuell bereits vorhandene Hundeerfahrung. Außerdem wird er Sie in keiner Weise bedrängen oder Ihnen einen Welpen aufschwatzen. Andererseits fragt er Sie, für welchen Zweck Sie einen Siberian Husky anschaffen möchten, damit er Ihnen einen geeigneten Welpen aus dem Wurf konkret vorstellen kann, schließlich kennt er seine Hunde und deren Nachwuchs am besten. Das Wohl seiner Hunde liegt einem seriösen Züchter wirklich am Herzen.
Haben Sie sich schließlich für einen Züchter und einen seiner Welpen entschieden, vereinbaren Sie vor der Abholung Ihres Vierbeiners weitere Besuche, damit sich der Kleine schon etwas an Sie gewöhnt. Bringen Sie zusätzlich ein altes Handtuch mit, das in das Welpenla-

Sehen Sie sich am besten mehrere Zuchtstätten an und vergleichen Sie diese kritisch miteinander.

Nur vom seriösen Zücher

Nehmen Sie Abstand von Mitleidskäufen. Bei dubiosen Schwarzzuchten oder Hundehändlern liegen Herkunft, Aufzucht und Vergangenheit der Hunde oft völlig im Dunkeln, sodass Sie anstelle eines gesunden und wesensfesten Rassehundes schnell eine Mogelpackung bekommen, die Ihnen mit zunächst versteckten Krankheiten und Verhaltensstörungen ein Hundeleben lang Kummer bereiten kann. Das Warten auf einen Welpen von einer kontrollierten VDH- bzw. FCI-Zucht lohnt sich allemal; hier gelten strenge Zuchtauflagen, die eine gute Basis für das Hervorbringen robuster, gesunder und wesensstarker Vierbeiner bilden.
Ein gleichzeitiges Aufziehen mehrere Würfe (möglicherweise noch von unterschiedlichen Rassen) innerhalb einer Zuchtstätte sollte Sie stutzig machen, spricht dies doch sehr für eine rein kommerzielle Angelegenheit. Die deutschen VDH-Zuchtvereine verbieten solch ein Vorgehen.

ger gelegt, bald nach der Mutter und den Wurfgeschwistern riecht. Bei der Abholung des Welpen nehmen Sie dieses Tuch wieder mit und legen es ihm zu Hause in sein neues Körbchen. Durch den weiterhin vorhandenen bekannten Geruch fällt ihm die Trennung von seiner Kinderstube nicht so schwer.

Welches Zubehör ist nötig?

Ein eigener Liegeplatz für den Vierbeiner darf in keinem Hundehaushalt fehlen.

Schon für die Abholung Ihres Welpen benötigen Sie ein **Welpenhalsband** oder **-geschirr** und eine leichte **Leine**. Als Material hat sich Nylon bewährt; im Vergleich zu Leder ist es leichter, stabiler, nässefester und problemloser zu reinigen. Der ausgewachsene Hund braucht später ein größeres und breiteres Halsband oder Geschirr sowie eine passende, stabile Leine. Gewöhnen Sie Ihr Hundekind sofort an das Tragen eines Halsbandes. Bringen Sie am Halsband neben der Steuermarke eine gravierte Plakette oder eine Hülse mit Ihrer Adresse und Telefonnummer an, damit Sie im Falle des Verschwindens Ihres Vierbeiners schnell benachrichtigt werden können. Achten Sie darauf, dass das Halsband nicht zu eng und nicht zu locker sitzt. Ein Finger muss problemlos zwischen Hals und Halsband passen. 
Besorgen Sie außerdem für Haus und Garten je ein Set mit einem **Futter-** und einem **Wassernapf**. Edelstahl-, Keramik- oder stabile Plastiknäpfe sind die beste Wahl, da sie auch leicht zu reinigen sind. 
Damit Ihr Hund nach seiner Ankunft nicht vor einem leeren Napf sitzt, kaufen Sie ein hochwertiges **Welpenfutter** ein. Am besten lassen Sie sich hierbei vorab von Ihrem Züchter beraten. Ein guter Züchter gibt für etwa einen Monat das gewohnte Futter mit. Auch Belohnungsleckereien dürfen nicht fehlen.

Schlafplatz, Fellpflege und Spielzeug

Ihr Hund braucht seinen eigenen Liegeplatz. Manchen Vierbeinern genügt hier eine einfache **Decke** oder ein Kissen, andere kuscheln sich lieber in einen **Korb**. Wichtig

ist in jedem Fall eine leichte, unproblematische Reinigung, denn angemessene Sauberkeit und Hygiene sind eine unverzichtbare Basis für ein langes und gesundes Hundeleben. Achten Sie darauf, dass alle Decken und Kissen maschinenwaschbar sind. Haben Sie einen Korb angeschafft, schrubben Sie diesen von Zeit zu Zeit aus und desinfizieren Sie ihn anschließend mit Ungezieferspray. Inzwischen sind nicht nur Hundekörbe aus Rattangeflecht erhältlich, sondern auch aus stabilem, beißfestem Plastik oder aus Schaumgummi und Kunstwatte mit Stoffüberzug. Als Übergangslösung hat sich für einen Junghund, der noch alles annagen und zerbeißen will, ein großer, mit einer Decke ausgelegter Karton bewährt, der schnell und preiswert ausgetauscht werden kann.

Vielseitig verwendbar und ebenfalls sehr praktisch ist eine große **Plastik-Transportbox** oder eine Klappbox aus verchromtem Stahlgitter. Ihr Welpe findet darin bereits ein heimeliges Lager vor, in dem Sie ihn nach seiner Eingewöhnung während Ihrer Abwesenheit auch mal ausbruchssicher verwahren können. Später weiß sogar Ihr erwachsener Husky diese Rückzugsmöglichkeit zu schätzen, vermittelt das Innere so einer Box doch die Geborgenheit einer Höhle. Bei einer Klappbox kommt dieses Höhlenfeeling erst richtig auf, wenn Sie diese noch mit einem großen Tuch abdecken. Die Box ist ebenfalls sehr hilfreich für eine sichere Unterbringung Ihres Hundes im Auto. Eine ordnungsgemäße Sicherung des Vierbeiners in einem Auto ist

Geschirr, Leine, Steuermarke und Adressenplakette sind beim Hundezubehör unverzichtbar.

übrigens Pflicht; bei Verstoß drohen hohe Geldstrafen. Sie können Ihren Siberian Husky auch mit einem speziellen Hundegurt auf der Rückbank anschnallen oder Sie verwenden ein Trenngitter, das den Schrägheckkofferraum, in dem Ihr Vierbeiner sitzt, sicher vom Perso-

Vorüberlegungen und Anschaffung

EXTRA

Das richtige Hundespielzeug

Handtücher zum Abputzen sind nach Spaziergängen bei Schmuddelwetter unentbehrlich.

nenabteil abtrennt. Mancherorts ist für die Beförderung in öffentlichen Verkehrsmitteln ein Maulkorb vorgeschrieben, auch wenn Ihr Hund ganz friedlich ist.

Für den Fellwechsel im Frühjahr und Herbst benötigen Sie **spezielle Bürsten und Striegel** für Hunde mit mittellangem Fell. Handtücher zum Abtrocknen und Säubern dürfen für Schlechtwettertage nicht fehlen.

Schaffen Sie sich außerdem eine **Zeckenzange** an, um Ihren haarigen Freund schnell von den lästigen Plagegeistern befreien zu können.

Zu guter Letzt braucht Ihr Vierbeiner natürlich **Spielzeug**.

Bei der Auswahl von Hundespielzeug orientieren Sie sich am besten an folgendem Grundsatz: Alles, was für Kleinkinder ungeeignet ist, kann auch für Hunde gefährlich werden. So sind spitze, scharfkantige und splitternde Gegenstände oder Dinge, in denen Drähte oder Nägel enthalten sind, für unsere Vierbeiner absolut tabu. Ebenfalls verboten sind Äste von giftigen Bäumen oder Sträuchern und lackierte Hölzer. Luftballons stellen eine Gefahr dar, weil sie zerbissen schnell heruntergeschluckt

Zu kleines Spielzeug ist für einen Hund ungeeignet, weil er es leicht verschlucken könnte.

werden und eine Darmverschlingung hervorrufen können. Achten Sie darauf, dass sich Ihr Husky nicht an den Spielsachen Ihrer Kinder wie beispielsweise Legobausteinen sowie an Schnüren, Nylonstrümpfen, Windlichtern oder Plastikbechern vergreift. Unproblematisch sind spezielle Hundespielsachen aus Hartholz, Jute, Hartgummi, Stoff und reißfestem Nylon. Kauspielzeug aus natürlichen Materialien, wie Rinder- und Büffelhaut, bietet nicht nur eine interessante Beschäftigung, sondern hat gleichzeitig einen gesundheitlichen Nutzen, denn es stärkt und reinigt das Gebiss. Bälle müssen immer so groß sein, dass Ihr Hund sie nicht verschlucken kann.

Quietschspielzeug ist nur bedingt geeignet, denn ist Ihr Vierbeiner ein besonders eifriger „Spielzeug-Designer" zerlegt er auch ein Quietschtier schnell und frisst möglicherweise sogar das quietschende Ventil. Einige Kynologen sind außerdem der Meinung, dass ein Hund durch das ständige Quietschen die Beißhemmung gegenüber quiekenden Artgenossen verlernt. Besser bewährt haben sich Spielsachen aus robustem Hartgummi. Ein begeisterter Apporteur sollte wegen der Splittergefahr auf Stöckchen aus dem Wald verzichten; besorgen Sie ihm stattdessen lieber Hartholzspielzeug aus dem Zoofachhandel. Als Alternative gibt es Bringsel aus Jute oder Leder, die absolut maulschonend sind. Ein aus bunten Baumwollschnüren zusammengedrehter Knoten ist zwar sehr beliebt, kann jedoch gefährlich werden, wenn der Vierbeiner den Knoten zerlegt und zu viele Schnüre davon verschluckt. Für sprungbegabte Fangkünstler eignen sich Frisbee®-Scheiben aus reiß- festem Nylon, die unterwegs schnell zusammengefaltet und platzsparend in Herrchens oder Frauchens Hosentasche verstaut sind.

Im Zoofachhandel bekommen Sie Hundespielzeug in unterschiedlichsten Variationen.

Welpensicheres Zuhause

In Haus und Garten kann es für einen neugierigen Welpen schnell gefährlich werden. Treffen Sie daher am besten schon vorab entsprechende Sicherheitsvorkehrungen.

Überprüfen Sie Ihr Zuhause schon vor dem Einzug eines Welpen auf mögliche Gefahrenquellen für den kleinen Vierbeiner und beseitigen Sie diese gegebenenfalls. Für den noch unerfahrenen, verspielten Siberian Husky, der ständig auf der Suche nach neuen Abenteuern ist, lauern etliche Gefahren in Haus und Garten. Welpen erkunden ihre Umgebung in erster Linie mit der Nase und mit den Zähnen, das heißt: Alles, was Hund aufstöbert, muss beknabbert oder sogar gefressen werden. Besonders gefährlich und gefährdet sind hier Kabel und mobile Mehrfachsteckdosen. Verlegen Sie Kabel daher entweder in Kabelkanälen oder lagern Sie diese, solange der Welpe noch in der Flegelphase ist, höher. Versehen Sie Steckdosen am Boden und in Nasenhöhe des vierbeinigen Knirpses vorsichtshalber mit Kindersicherungen. Bewahren Sie Putzmittel und Medikamente ebenfalls außer Reichweite des jungen Huskys auf. Erhöhte Vorsicht gilt bei Pflanzen, besonders wenn sie giftig sind. Stellen Sie auch diese vorübergehend hoch oder quartieren Sie sie an einen anderen Ort um. Ein weiteres großes Gefahrenpotenzial stellen heruntergefallene Kleinteile wie Büroklammern, Stecknadeln oder Geldstücke dar, weil der Welpe sie aus Neugier fressen könnte.

Von ganz besonderer Anziehungskraft sind Schuhe. Junghunde spüren häufig mit einer erstaunlichen Zielsicherheit gerade das teuerste Paar auf und zerlegen es; vielleicht waren Sie aber auch schneller und haben die Schuhe rechtzeitig in Sicherheit gebracht. Hängen Sie auch Jalousie- und Rollobänder vorübergehend höher, denn das Fangen und Zerbeißen der baumelnden Schnüre ist ebenfalls sehr beliebt.

Bringen Sie an einer Treppe ein Babygitter an, verhindern Sie in jedem Fall, dass ein Welpe im wilden Spiel einmal die Treppe herunterfällt.

Welpensicheres Zuhause

Ein stabiler, ausreichend hoher Gartenzaun ist wichtig, damit sich Ihr Vierbeiner im Freien aufhalten kann, ohne auszubüxen.

Besonders interessiert ist der Welpe überall dort, wo es etwas auszuräumen gibt. Sichern Sie daher Möbeltüren oder Schubladen, die Ihr abenteuerlustiger Vierbeiner eventuell andernfalls mit seiner Schnauze oder Pfote öffnet. Ein mit einem Vorhang abgehängtes Regal regt enorm die Neugier eines jungen Hundes an. Evakuieren Sie also rechtzeitig empfindliche Gegenstände. Höchst attraktiv sind auch Abfalleimer, deren Inhalt Ihren Husky auf vielfältige Art schädigen kann. Steigen Sie deshalb besser auf Abfalleimer mit fest verschlossenem Deckel um.
Nicht zuletzt ist das wilde Toben des kleinen Rackers gefährlich: Ist ein Welpe erst einmal in Fahrt, kennt er kein Halten mehr. Sichern Sie

Tipps für den Garten

Auch im Garten kann es für einen jungen Hund gefährlich werden. Denken Sie hier an Folgendes:

ⓘ *Damit sich der Welpe nicht unerlaubt auf Wanderschaft begibt, umzäunen Sie Ihr Grundstück.*

ⓘ *Flicken Sie rechtzeitig vor Ankunft des Vierbeiners Löcher im bereits vorhandenen Zaun.*

ⓘ *Lagern Sie gefährliche Stoffe wie beispielsweise Frostschutzmittel für das Auto am besten in einem verschließbaren Schrank.*

ⓘ *Vorsicht mit der Aufbewahrung und Verwendung von Chemikalien im Garten (z.B. Dünger, Schneckenkorn etc.).*

ⓘ *Der Komposthaufen sollte für Ihren Siberian Husky unzugänglich sein.*

ⓘ *Bewahren Sie gefährliche Gartengeräte wie Scheren, Sägen, Rechen und Hacken außerhalb der Reichweite Ihres Hundes auf.*

ⓘ *Hängen Sie den Gartenschlauch sicherheitshalber auf.*

ⓘ *Vorsicht mit stacheligen Hecken und Büschen: Toben kann hier schnell ins Auge gehen.*

ⓘ *Sichern Sie einen eventuell vorhandenen Gartenteich.*

Treppen daher am besten mit einem Babygitter. Natürlich müssen Sie generell alles Zerbrechliche aus dem Weg räumen.
Zusammenfassend gilt Alles, was für Babys oder Kleinkinder in einem Haushalt gefährlich ist, kann auch für einen jungen Hund lebensbedrohlich werden. Richten Sie sich jedoch durch entsprechende Vorkehrungen rechtzeitig darauf ein, wird das Zusammenleben mit Ihrem Husky-Welpen in der heißen (Flegel-)Phase sicherlich stressfreier sein.

Haltung
Die ersten Tage daheim

Lassen Sie Ihrem Neuzugang viel Zeit bei der Eingewöhnung.

Ein seriöser Züchter gibt seine Welpen geimpft und entwurmt nicht vor der achten Lebenswoche ab. Am Abgabetag stattet er Sie mit dem Impfpass, der FCI-Ahnentafel (falls diese bereits vorliegt), Pflege-, Fütterungstipps und Futter für den Übergang aus. Außerdem sollten Sie auch eine Kopie des Wurfabnahmeberichtes erhalten. Vergessen Sie zur Abholung Ihres Hundekindes Welpenhalsband und Leine nicht. Wenn Sie berufstätig sind, nehmen Sie sich mindestens in den ersten zwei Wochen nach Einzug des Vierbeiners frei. Dies erleichtert nicht nur die Erziehung zur Stubenreinheit, sondern ist auch für die gesunde, seelische Entwicklung des Hundebabys sehr wichtig.

Lassen Sie sich für die Heimfahrt viel Zeit. Eine längere Autofahrt ist für Ihren Welpen neu und ungewohnt. Manchen Hundekindern wird zunächst einmal übel, einige speicheln daraufhin nur, andere müssen sich übergeben. Legen Sie unterwegs mehrere Pausen ein, in denen sich Ihr kleiner Husky lösen und bewegen kann. Fahren Sie langsam und knallen Sie nicht mit den Autotüren.

Ankunft im neuen Zuhause

Lassen Sie Ihrem Welpen nach Ihrer Ankunft zu Hause erst einmal genügend Zeit und Möglichkeit, sein neues Domizil ausgiebig zu erkunden. Auf keinen Fall dürfen alle Familienmitglieder gleichzeitig auf ihn einstürmen. Damit der neue Mitbewohner nicht verängstigt und überfordert wird, ist in den ersten Stunden besondere Behutsamkeit angebracht. Zeigen Sie Ihrem Welpen seinen Schlafkorb. Setzen Sie ihn immer wieder hinein und beschäftigen Sie sich dort eine Weile mit ihm. Verbinden Sie dies schon von Anfang an mit dem Kommando „Körbchen". Bald hat der Kleine verstanden, dass der Korb sein Platz ist. Schnell lernt er auch, auf Befehl dorthin zu

Am wohlsten fühlt sich der Siberian Husky in einem Rudel. Dies kann aus einer Großfamilie oder auch aus mehreren Artgenossen bestehen.

gehen. Hat sich die erste Aufregung für das Hundekind im neuen Heim etwas gelegt, bekommt es sein Futter. Ein achtwöchiger Welpe braucht noch drei Mahlzeiten. Eine Futterumstellung darf nur langsam erfolgen. Daher mischen Sie am besten nach und nach das mitgegebene Futter des Züchters mit Ihrem eventuell neuen Futter. Bringen Sie den Welpen nach dem Füttern sofort ins Freie, damit er sich lösen kann. Verfahren Sie genauso, wenn Ihr junger Husky nach dem Schlafen aufwacht.

Vergessen Sie nicht, dass ein Welpe wie ein Baby noch sehr viel Schlaf benötigt, ein Bedürfnis, dem Sie unbedingt Rechnung tragen sollten. Stellen Sie das Körbchen zur Erleichterung der Eingewöhnung nachts zunächst

Sollten Sie berufstätig sein, erleichtern Sie dem Welpen die Eingewöhnung, wenn Sie sich erst einmal etwas Urlaub nehmen.

Treffen Sie auf Spaziergängen andere Hunde, sehen Sie, wie sich Ihr Husky Artgenossen gegenüber verhält.

Ein Secondhand-Hund braucht besonders viel Zeit, um sich zu aklimatisieren. Geben Sie ihm von Anfang an klare Regeln vor.

direkt an Ihr Bett. Ist Ihr Hund sehr unruhig, legen Sie ihm einen Wecker unter sein Kissen. Das Ticken erinnert ihn an den Herzschlag der Mutter und beruhigt ihn. Werden Sie nicht schwach und lassen Sie den Welpen nicht ins Bett. Damit tun Sie sich und dem Hund keinen Gefallen. Für den kleinen Neuankömmling wäre dies bereits der erste Schritt in der Rangordnung mit Ihnen zu konkurrieren. Streicheln Sie den, in seinem Körbchen liegenden Vierbeiner lieber von Ihrem Bett aus in den Schlaf. Die zärtliche Berührung mit Ihrer Hand gibt ihm all die Geborgenheit und das Vertrauen, das er braucht, um als Hundebaby einem neuen aufregenden Tag entgegen zu schlafen.

Viel Geduld mit Tierheimhunden

Natürlich benötigt auch ein Secondhand-Hund eine behutsame Eingewöhnung. Anfangs ist ein ganz genaues Beobachten des Neuankömmlings wichtig, um ein besseres Bild von seiner Persönlichkeit zu bekommen. Schnell stellen Sie fest, ob Sie nun ein besonderes Sensibelchen oder eher ein forsches Raubein im Haus haben. Erlauben Sie Ihrem Neuzugang nichts, was er auch später nicht tun darf. Nach einem eventuellen Tierheimaufenthalt wird der Vierbeiner in einer neuen Familie zunächst mit Reizen überflutet, die er erst einmal in Ruhe verarbeiten muss. Lassen Sie Ihren Husky trotzdem von Anfang an so natürlich wie möglich an Ihrem normalen Tagesablauf teilnehmen. Führen Sie sofort feste Fütterungs-, Spiel- und Spaziergehzeiten ein, sodass Ihr wedelnder Gefährte bald seinen festen Rhythmus kennt. Hat sich die erste Aufregung gelegt, wird Ihr Hund auch Sie sehr

Respektieren Sie auch die Tatsache, dass ein Welpe anfangs noch viel Schlaf benötigt.

Tipp für Secondhand-Hundebesitzer

Um herauszufinden, welche Talente und Vorlieben Ihr Siberian Husky hat, kann eine kompetente Hundeschule sehr hilfreich sein. Hier werden meist auch Spiel-, Spaß- und Sportkurse angeboten, die jeden Vierbeiner seinen Neigungen entsprechend fordern. Die intensive gemeinsame Beschäftigung mit Ihrem Siberian Husky wird Ihre Bindung zueinander weiter fördern und Sie bald zu einem unzertrennlichen Dream-Team zusammenschweißen.

genau beobachten. Ein Siberian Husky durchschaut schnell, wer in der Familie das Sagen hat und wer nicht und wo es Schwachstellen in der familieninternen Rangordnung gibt. Daher ist es unerlässlich, klare Regeln vorzugeben, die der Vierbeiner strikt einhalten muss. Ihr Schlittenhund ist ausgeglichener und glücklicher, wenn er sofort einen eindeutigen Platz in der neuen Lebensgemeinschaft einnimmt, mit einem Mensch an der Spitze, an dem er sich orientiert.

Die ersten Ausflüge

Auf Ihren ersten Spaziergängen sehen Sie, wie sich Ihr wedelnder Neuzugang Artgenossen gegenüber verhält. Auch für einen erwachsenen Husky ist der regelmäßige Kontakt zu anderen Hunden nötig, schließlich ist er schon von Berufs wegen ein ausgesprochenes Rudeltier. Laden Sie Freunde mit Ihren Vierbeinern zu sich nach Hause ein: Da Ihr Hund anfangs noch kein Revierbewusstsein hat, wird er alles akzeptieren, was er in seinem neuen Heim

Anfangs ist alles neu und aufregend, geben Sie Ihrem jungen Husky daher die Möglichkeit, sein neues Zuhause in Ruhe ausgiebig zu erkunden.

vorfindet. Nützen Sie diese Tatsache aus und machen Sie Ihren Husky möglichst bald, jedoch an der Leine gehalten, mit eventuellen anderen Haustieren bekannt. Vergessen Sie dabei aber nie, dass die Rasse über einen großen Jagdtrieb verfügt; lassen Sie Ihren Husky und Kleintiere also nie unbeaufsichtigt zusammen. Hat Ihr neuer Kamerad in seiner Prägephase keine gute Sozialisierung erfahren, ist der Besuch einer Hundeschule empfehlenswert. Ein Secondhand-Hund kann hier zusammen mit seinem Halter noch sehr viel lernen. Erziehungstechnisch brauchen Sie bei einem erwachsenen Hund meist nicht ganz bei Null anfangen, sondern können auf die bereits vorhandenen Grundlagen aufbauen. Wichtig ist, dass Ihr Husky nun Sie als neuen Hundeführer und somit Kommandogeber akzeptiert. Zeigen Sie daher unbedingt Konsequenz und Einfühlungsvermögen. Außerdem muss es Ihrem Husky Spaß machen, Ihnen zu gehorchen. Die richtige Motivation ist das A und O einer erfolgreichen, partnerschaftlichen Erziehung.

Sozialisierung

Die erste Phase der Sozialisierung spielt sich noch beim Züchter ab, für eine optimale Weiterführung ist anschließend der neue Besitzer verantwortlich.

Damit ein Hund einen stressfreien Alltag mit einem sozialverträglichen Verhalten gegenüber Mensch und Tier leben kann, muss schon der Welpe mit möglichst vielen Umweltreizen vertraut gemacht werden. Die wichtigste Zeitspanne für die Sozialisierung liegt zwischen der dritten und etwa der 16. Lebenswoche. Für die erste Phase ist also der Züchter verantwortlich: Bei ihm soll der Welpe nicht nur durch den Umgang mit seiner Mutter und den Wurfgeschwistern hündisches Verhalten lernen. Auch möglichst viele positive Erfahrungen mit verschiedenen Menschen, einschließlich Kindern sind für die weitere Entwicklung des kleinen Vierbeiners wichtig. Daher sind bei einem verantwortungsvollen Züchter ab der vierten Woche Besucher willkommen, selbstverständlich wohldosiert, um die Welpen nicht zu überfordern.

Damit das Hundekind bereits mit diversen Umweltreizen vertraut wird, ist eine abwechslungsreiche Umgebung gut. Dies kann beispielsweise ein interessanter, kleiner Abenteuerspielplatz im Welpenauslauf sein. Hundekinder, die bis zu ihrer Abholung (und auch danach) völlig abgeschottet von ihrer Umwelt leben, tragen in der Regel irreparable Schäden davon, die sie an einer normalen Entwicklung hindern; solche Hunde bleiben häufig ihr Leben lang unglückliche Sorgenkinder, die sich ständig als unsichere Angsthasen oder auch Beißer gebärden. Nach der Abholung Ihres Siberian Huskys vom Züchter liegt die weitere Entwicklung des Welpen nun in Ihrer Hand. Machen Sie ihn schon zu Hause mit möglichst vielen Situationen bekannt. Sperren Sie ihn beispielsweise nicht weg, wenn Sie staubsaugen oder wenn Besuch kommt. Natürlich heißt

Sozialisierung

dies nicht, dass Sie sofort nach der Ankunft des Vierbeiners den Staubsauger schwingen oder gar eine große Party feiern sollen. Wie immer macht's die richtige Dosierung, damit der junge Husky langsam, aber sicher alle Geräusche und Abläufe um ihn herum als völlig normal ansieht.

Leben noch andere Tiere bei Ihnen, gewöhnen Sie alle Vierbeiner ganz behutsam aneinander. Um Ihren Welpen optimal auf Stadtausflüge vorzubereiten, können Sie Großstadtgeräusche zunächst von einem Band abspielen. Am besten geschieht dies während der Fütterung, denn dann verknüpft Ihr kleiner Husky die ungewohnten Geräusche gleich mit etwas Positivem. Steigern Sie die Lautstärke nur langsam. Gewöhnen Sie Ihren jungen Vierbeiner ebenfalls frühzeitig an die Mitnahme und das gesittete Verhalten im Auto und in öffentlichen Verkehrsmitteln.

Lassen Sie Ihren Welpen von Anfang an so natürlich wie möglich an Ihrem normalen Alltag teilhaben.

Der Kontakt zu anderen Hunden ist für einen Welpen enorm wichtig. Nur so lernt er auch ein hündisch korrektes Sozialverhalten.

In einer guten Hundeschule sind auch ausgiebige Spielphasen erlaubt.

Neue Eindrücke sammeln

Lassen Sie den Welpen auf Spaziergängen in Ruhe seine Umgebung erkunden. Lockern Sie den Ausflug zwischendurch mit kleinen Spielchen auf, die all seine Sinne anregen und auch das Interesse an Ihnen wecken. So lernt Ihr Husky schnell spielerisch, dass es sich lohnt, Ihnen zu folgen. Provozieren Sie Begegnungen mit Artgenossen, anderen Tieren und Menschen. Beginnen Sie bereits spielerisch mit der Erziehung, indem Sie Ihrem Siberian Husky beispielsweise durch Ablenkung mit einem verlockenden Spielzeug beibringen, fremde Menschen nicht anzuspringen.

Nimmt ein anderer Hundebesitzer von einem Zusammentreffen mit Ihnen Abstand, respektieren Sie sein Verhalten. Vielleicht genoss sein Hund nicht so eine gute Sozialisierung wie Ihrer. In solch einem Fall nehmen Sie Ihren Welpen lieber an die kurze Leine und gehen ohne direkten Kontakt am anderen Vierbeiner vorbei; schließlich muss Ihr Husky auch lernen, sich selbst im Vorbeigehen manierlich zu verhalten. Wechseln Sie außerdem öfter mal die Wege.

Das Kennenlernen verschiedener Bodenuntergründe sowie von Wasser fällt ebenfalls in die wichtige Sozialisierungsphase. Absolut empfehlenswert ist der Besuch einer Welpenspielstunde in einer guten Hundeschule. Hier lernt der junge Vierbeiner zusammen mit gleichaltrigen Artgenossen, wie er sich

hündisch korrekt verhält. Zudem wird er dort mit unterschiedlichen Geräuschen und Gegenständen wie einem aufgespannten Regenschirm, klappernden Töpfen oder flatternden Folien vertraut gemacht. Gehen Sie allerdings erst mit Ihrem Welpen auf den Hundeplatz, wenn er die zweite Impfung bereits erhalten hat und somit gegen diverse Infektionskrankheiten grundimmunisiert ist. Häufige Hundebesuche bei Ihnen daheim fördern eine gute Verträglichkeit mit Artgenossen. Da Ihr Husky dann nicht mehr als vierbeiniger Alleinherrscher im Mittelpunkt steht, wirken solche Besuche sogar „Einzelkindallüren" entgegen.

So finden Sie die passende Hundeschule

Hundeschulen und Tiertrainer gibt es inzwischen an vielen Orten. Welche Möglichkeiten Sie in Ihrer Region haben, wissen in der Regel Tierärzte, örtliche Tierheime oder andere Hundehalter. Auch überregionale Verbände und Organisationen sind kompetente Ansprechpartner. Haben Sie nun eine konkrete Hundeschule im Auge, prüfen Sie das Angebot anhand der Fragen im Kasten genau.
Merken Sie, dass Sie mit dem Trainer oder der angebotenen Methode nicht zurechtkommen, wechseln Sie die Hundeschule. Handeln Sie immer im Interesse Ihres Hundes. Nur ein Husky, der Spaß an der Sache hat, lernt gerne und leicht. Auch Sie können in einer kompetenten und sympathischen Hundeschule nette Freundschaften und Kontakte mit Gleichgesinnten knüpfen und einen wichtigen Erfahrungsaustausch pflegen.

ⓘ *Ist der Trainer schon am Telefon bereit, ausführlich Fragen zu beantworten und fragt er Sie auch viel über Sie und Ihren Hund?*

ⓘ *Nach welcher Methode wird trainiert?*

ⓘ *Kann der Trainer eine fundierte Ausbildung nachweisen?*

ⓘ *Gibt es ein (eingezäuntes!) Trainingsgelände, auf dem die Hunde in Trainingspausen auch mal miteinander spielen dürfen?*

ⓘ *Wie groß sind die Trainingsgruppen? Zu große Gruppen lassen kaum noch Spielraum für die genaue Beobachtung und Beratung eines jeden Einzelnen.*

ⓘ *Gibt es auch Einzelstunden für individuelle Probleme?*

ⓘ *Stehen die Kosten in einem vernünftigen Verhältnis zum Angebot?*

ⓘ *Sind ein anfängliches Zusehen sowie ein Probetraining möglich?*

ⓘ *Stimmt die Chemie zwischen Ihrem Siberian Husky und dem Trainer sowie zwischen Ihnen und dem Trainer?*

ⓘ *Freut sich Ihr Vierbeiner, wenn es auf den Hundeplatz geht und hat er Spaß am Training?*

ⓘ *Macht Ihr Hund langfristig Fortschritte?*

EXTRA

Welpenspielplatz zu Hause

Mit einfachen und ganz alltäglichen Dingen können Sie Ihrem Welpen leicht einen Abenteuerspielplatz für zu Hause kreieren. Führen Sie Ihr Hundekind an alle Stationen langsam heran und zeigen Sie ihm alles ganz behutsam. Vergessen Sie nie ein ausgiebiges Loben, wenn der Welpe mutig erkundet. Seien Sie geduldig mit Angsthasen und überfordern Sie diese nicht. Machen Sie den Spielplatz für ängstliche Vierbeiner noch interessanter, damit in jedem Fall deren Neugier geweckt wird. Taut der schüchterne Welpe auf und zeigt Interesse, loben Sie ihn gründlich.

Zu Hause können Sie ganz leicht einen abwechslungsreichen Welpenspielplatz bauen.

ⓘ Befestigen Sie an einer Wäscheleine alte Stofffetzen: Hier lernt der Kleine, sich nicht von flatternden Dingen aus der Ruhe bringen zu lassen. Eine Stufe schwieriger wird's mit Folienresten, denn diese rascheln auch noch.

ⓘ Legen Sie eine große Malerfolie auf dem Boden aus: Dies ist ein unbekannter, raschelnder und glatter Untergrund, den es zu betreten gilt. Streuen Sie für Zaghafte Leckerli auf der Folie aus.

ⓘ Stellen Sie einen großen, offenen Karton auf, den Ihr Vierbeiner nach Herzenslust erkunden und anschließend auch zerlegen darf.

ⓘ Legen Sie eine Leiter auf den Boden und führen Sie Ihren jungen Husky langsam darüber. Hier ist Koordination gefragt, denn er lernt, seine Pfoten genau in die Leerräume zwischen den Sprossen zu setzen.

ⓘ Stellen Sie eine Hundetransportbox mit geöffneter Tür auf und verteilen Sie in der Box Leckerli: So wird der Welpe schon spielerisch mit der Box vertraut gemacht, verknüpft sie mit etwas Positivem (Futter) und empfindet später die Reise darin als etwas ganz Normales.

ⓘ Haben Sie ein Zelt, so stellt auch das ein interessantes Erkundungsobjekt dar, das sowohl durch die Überdachung als auch durch den Zeltboden neu und aufregend ist. Stellen Sie zum genauen Erforschen einen aufgespannten Sonnenschirm auf den Boden, legen Sie als Lockmittel Leckerli darunter aus.

ⓘ Legen Sie einen Eimer auf den Boden und lassen Sie ihn erkunden.

ⓘ Lassen Sie zunächst in großer (!) Entfernung vom Welpen eine aufgeblasene Butterbrottüte platzen, sodass er den Knall erst

Gönnen Sie Ihrem Welpen unbedingt jede Woche auf einem Hundeplatz ausgelassenes Spielen mit Gleichaltrigen.

nur sehr gedämpft hört. Zusätzlich kann er währenddessen von einer zweiten Person abgelenkt werden. Wenn sich der Hund entspannt hat, ausgiebig loben und belohnen. Erhöhen Sie ganz langsam die Intensität des Geräusches. Auf diese Weise lernt ein Welpe Silvesterknallerei und Donnergrollen zu trotzen. Selbstverständlich funktioniert diese Übung auch wieder über eine aufgenommene Kassette oder CD, aber die Geräuschkulisse wie immer bitte maßvoll beginnen und nur langsam steigern.

Bitte beachten Sie, dass dieser Spielplatz für daheim keinesfalls das Welpenspielen auf einem Hundeplatz ersetzt. Es stellt lediglich eine gute Ergänzung dar, die Ihren Vierbeiner anderen Alltagssituationen gegenüber selbstbewusster und gelassener werden lässt.

Ihr Hund hat Spaß am Lernen, wenn Sie ihm eine ruhige, angenehme und entspannte Atmosphäre verschaffen.

Erste Erziehungsschritte

Gerade Ersthalter lassen sich schnell vom süßen Blick und putzigen Verhalten ihres neuen Familienmitglieds einwickeln und verschieben die Erziehung des kleinen Rackers zunächst einmal auf unbestimmte Zeit. Machen Sie diesen Fehler nicht. Am aufnahmefähigsten ist ein Welpe bis zur 18. Lebenswoche, nützen Sie also diese Zeit und fangen Sie sofort mit einer spielerischen Erziehung an. Ganz entscheidend für die Lernbereitschaft und damit auch die Lernfähigkeit ist das Lernklima. Stress und Angst sind Gift für ein erfolgreiches Lernen; sicherlich können Sie das aus eigener Erfahrung gut nachvollziehen. Verschaffen Sie Ihrem Hund daher eine ruhige, angenehme und entspannte Atmosphäre, in der er, verstärkt durch die richtige Motivation, Spaß am Lernen hat.

Stubenreinheit

Ein Welpe braucht wie ein Menschenbaby zunächst ein gewisses Bewusstsein dafür, wo er sich lösen darf und wo nicht. Bei der Erzie-

Erste Erziehungsschritte

hung zur Stubenreinheit ist viel Behutsamkeit angebracht; überfordern Sie Ihren kleinen Schlittenhund nicht. Bringen Sie ihn nach jeder Mahlzeit und gleich nach dem Aufwachen zum Lösen ins Freie. Beobachten Sie Ihr Hundekind ganz genau, denn auch wenn er beispielsweise breitbeinig am Boden schnüffelt, ist schnelles Handeln angebracht, da postwendend ein Pfützchen folgen kann. Verrichtet der Kleine draußen sein Geschäft, loben Sie ihn unbedingt überschwänglich.

Stellen Sie für die Nacht in Ihrem Schlafzimmer als anfängliches Welpenlager einen hohen Pappkarton oder eine Transportbox auf, aus der Ihr Vierbeiner nicht selbstständig herauskommt. Weil er sein eigenes Lager nicht beschmutzen will, wird er unruhig und fängt an zu winseln, wenn er muss; bringen Sie ihn dann schnell hinaus. Entdecken Sie ein Pfützchen im Haus, entfernen Sie es stillschweigend und gründlich, damit Ihr Welpe nicht wieder, von seinem eigenen Geruch angezogen, an derselben Stelle uriniert. Ertappen Sie ihn gerade beim Lösen, heben Sie ihn mit einem bestimmten „Nein" hoch und tragen Sie ihn ins Freie.

Fährt er dort mit seinem Geschäft fort, loben Sie ihn wieder ausgiebig. Unterlassen Sie tunlichst das Hineinstupsen der Hundenase in die Hinterlassenschaften des Welpen, denn dies

Wie lernt ein Welpe?

ⓘ Welpen sind ganz genaue Beobachter und lernen somit rasch, wovor Sie Angst haben, wen Sie mögen und wen nicht; auch die familieninterne Rangordnung durchschauen sie schnell.

ⓘ Welpen sind Praktiker; vieles lernen sie durch Erfahrung, wie schlechte oder gute Erlebnisse, Bestrafung und Lob.

ⓘ Das genaue Lernverhalten eines Welpen ist abhängig von seinem individuellen Charakter, seiner Intelligenz und seinen speziellen, angeborenen Neigungen.

hat keinerlei Lerneffekt, ist Tierquälerei und als Strafe völlig ungeeignet; es führt nur zu einem Vertrauensbruch zwischen Ihnen und Ihrem Siberian Husky.

Anfangs sollten Sie Ihr Hundekind vorsichtshalber alle ein bis zwei Stunden hinausbringen. Je aufmerksamer Sie Ihren Welpen beobachten und je schneller Sie dann reagieren, umso rascher wird Ihr Husky stubenrein.

Leinenführigkeit

Ein ordentliches Gehen an der Leine können Sie Ihrem Welpen mit ein paar Tricks schnell beibringen. Bleiben Sie dabei dauerhaft konsequent, gewöhnt sich Ihr Husky auch später kein übermäßiges Ziehen an. Machen Sie Ihr Hundekind zunächst einmal spielerisch mit seiner Leine vertraut. Lassen Sie den Welpen ausgiebig daran schnuppern und zeigen Sie ihm, dass hiervon absolut keine Gefahr für ihn ausgeht. Dann leinen Sie Ihren Vierbeiner an und locken ihn mit einem Leckerli oder sei-

Loben Sie auch Junghunde noch, wenn sie sich im Freien lösen.

Eine zärtliche Kuschelrunde zwischendurch schafft das optimale Lernklima für Ihren Vierbeiner.

Wechseln Sie öfter mal Ihre Spazierwege, so bleibt der tägliche Gang dauerhaft interessant.

Erste Schritte an der Leine machen sich leichter, wenn ein interessantes Leckerli oder das Lieblingsspielzeug lockt.

nem Lieblingsspielzeug, sodass er ein paar Schritte an der Leine geht. Loben und belohnen Sie ihn ausgiebig, wenn er die Leine vergisst und Ihnen folgt. Geben Sie nicht nach, wenn er sich stur stellt, sich hinsetzt oder fallen lässt. Setzen Sie sich unbedingt spielerisch durch, denn einige Vierbeiner testen bei dieser Übung bereits, wie weit sie mit ihrem Sturköpfchen gehen können. Versuchen Sie Ihren Welpen in einem solchen Fall erneut abzulenken, machen Sie sich interessant und locken Sie ihn zu sich. Eine weitere Möglichkeit besteht darin, die Leine fallen zu lassen, weiterzugehen und den Namen des Welpen zu rufen. Da der Kleine nicht alleingelassen werden möchte, wird er Ihnen automatisch folgen. Nun loben Sie ihn überschwänglich und geben Sie ihm ein Leckerchen oder sein Lieblingsspielzug. Diese Übung sollten Sie natürlich nicht an einer Straße durchführen. Die richtige Motivation spielt für den jungen Hund stets eine entscheidende Rolle. Jeder Schritt in die richtige Richtung wird ausgiebig gelobt.

Akzeptiert Ihr Husky die Leine, geht es daran, ihn gar nicht erst zum Ziehen zu verleiten. Sobald sich die Hundeleine spannt, rufen Sie

Ihren Hund zu sich und klopfen sich dabei gleichzeitig aufmunternd ans Bein. Machen Sie Ihren Hund auf Sie aufmerksam, indem Sie ein Leckerli oder das Lieblingsspielzeug Ihres Vierbeiners in der Hand halten. Reden Sie immer wieder mit Ihrem Husky und motivieren Sie ihn mit Spaß, an lockerer Leine bei Ihnen zu bleiben. Loben Sie ausgiebig, wenn Ihr kleiner Schüler zu Ihnen kommt und auch bei Ihnen bleibt. Die täglichen Spaziergänge werden für Sie beide interessanter, wenn Sie öfters neue Wege gehen.

Erfolgreiche Verzögerungstaktik

Eine gute Leinenführigkeit erreichen Sie ebenfalls, wenn Sie stehen bleiben, sobald sich die Leine spannt. Reden Sie nicht mit Ihrem Hund und ziehen Sie auch selbst nicht an der Leine, sondern warten Sie einfach ab. Stoppt der Spaziergang, wird sich Ihr haariger Begleiter schnell umdrehen, um zu sehen warum es eine Verzögerung gibt. In diesem Moment lo-

Geben Sie Ihrem Husky möglichst oft die Gelegenheit, sich ohne Leine auszutoben.

ckert sich die Leine, loben Sie Ihren Vierbeiner sofort ausgiebig und setzen Sie Ihren Gang in die genau entgegengesetzte Richtung fort. Diese Übung verlangt viel Ruhe und Geduld. Zunächst sind etliche Wiederholungen nötig, doch bald hat Ihr Husky verstanden, dass auf ein Ziehen an der Leine ein sofortiger Stillstand und anschließender Richtungswechsel erfolgt, kein Leinenzug jedoch viel Lob und Spaß bringt.

Um übermäßiges Ziehen an der Leine einzudämmen, ist ein Leinenruck oder -zug Ihrerseits nicht empfehlenswert. Dies kann die empfindliche Halswirbelsäule und den Kehlkopf massiv verletzen. Außerdem zeigen Sie dem Hund genau *das* Verhalten, welches Sie

Quittieren Sie den Leinenzug Ihres Huskys nicht mit einem Gegenzug oder Ruck.

> ### Bitte beachten Sie ...
> *Ab und zu ein kleiner Zug nach vorne ist erlaubt und noch nicht als mangelnde Leinenführigkeit anzusehen. Gönnen Sie Ihrem bellenden Kamerad möglichst oft leinenfreie Phasen, in denen er sich nach Herzenslust so richtig austoben darf.*

Haltung

> **Vorsicht mit Flexileinen**
>
> *Verwenden Sie aufrollbare Flexileinen erst, wenn Ihr Hund zuverlässig leinenführig ist, ansonsten könnte ihn die vermeintlich gegebene Freiheit durch die Länge dieser Leine zu einem stetigen Ziehen verleiten.*

ihm eigentlich abgewöhnen wollen. Ziehen Sie auch dann nicht an der Leine, wenn Ihr Vierbeiner längere Zeit schnüffelt und nicht weitergehen will. Motivieren Sie ihn lieber mit aufmunternden Worten oder einer Spielaufforderung, Ihnen zu folgen. Das Weitergehen können Sie sogar üben, indem Sie immer das gleiche Kommando wie beispielsweise „Weiter" sowie eine auffordernde Handbewegung verwenden. Am schnellsten lernt Ihr Hund diese Übung unangeleint auf einer eingezäunten Wiese. Weil sich Hunde sehr an Ihrer Körpersprache orientieren, ist es wichtig, dass Sie nach der gesprochenen Aufforderung „Weiter"

Da Huskys sehr soziale Tiere sind, fällt es ihnen häufig schwer, allein zu bleiben.

auch wirklich weitergehen und nicht stehen bleiben. Läuft Ihnen Ihr Husky nach, loben Sie sofort wieder kräftig und geben Sie ihm ein Leckerli oder spielen Sie zur Belohnung mit ihm.

Alleinbleiben

Da man einen Hund nicht immer und überall hin mitnehmen kann, muss der Vierbeiner auch das gesittete Alleinbleiben von klein auf lernen. Lassen Sie Ihren Husky anfangs nur kurz allein und zwar erst, wenn er sich in seiner Umgebung ganz sicher und geborgen fühlt. Gehen Sie aus dem Zimmer, wenn er schläft oder mit einem Kauröllchen beschäftigt ist. Liegt Ihr Welpe bei Ihrer Rückkehr noch brav auf seinem Platz, loben Sie ihn. Vergrößern Sie langsam die Zeitspanne und verlassen Sie schließlich ganz das Haus. Machen Sie kein Drama aus Ihrem Weggang und verabschieden Sie sich nicht groß. Je mehr Aufhebens Sie um Ihren Aufbruch und Ihre Rückkehr machen, umso eher erziehen Sie Ihren Vierbeiner zu späterer Trennungsangst. Loben und belohnen Sie ihn jedoch, wenn er brav auf Sie gewartet hat.

Trotz aller Übung gibt es immer wieder Hunde, die sich sehr schwer mit dem gesitte-

Das wichtige Lesen und Setzen von Duftmarken darf nicht durch eine übertriebene Leinenführigkeit unterbunden werden.

ten Alleinbleiben tun. Solch einem „Sorgenkind" können Sie die Zeit des Wartens mit einfachen Spielsachen versüßen.

Rezepte gegen Langeweile
Damit Ihr Hund Ihre Gardinen, Möbel oder andere Einrichtungsgegenstände verschont, geben Sie ihm Pappschachteln oder leere Allzweckrollen, um seinen Frust abzureagieren. Auch kleinere, stabile Kartons mit Deckel garantieren eine abwechslungsreiche Beschäftigung. Verstecken Sie darin in Zeitung gewickelte Leckerlis. Während Supernasen die Knabbereien sofort erschnuppern und eifrig „auspacken", können Sie für weniger Geübte einige „Duftlöcher" in den Deckel stechen.
Versteckt Ihr Hund gerne Leckereien, hat es sich bewährt, ihm Plätze in der Wohnung dafür einzurichten, an denen er nach Herzenslust „graben" darf. Hierfür verteilen Sie beispielsweise ausgediente Handtücher oder Decken an verschiedenen Stellen eines Raumes. Dies schützt Sie auch davor, einen feuchtklebrigen Kauknochen oder Ähnliches abends in Ihrem Bett zu finden.
Kurzweiliger wird das Warten ebenfalls mit einem Futterball aus dem Zoofachhandel, der nur ab und zu, bei bestimmten Bewegungen,

Gemeinsam ist man nicht einsam ...

über verschieden große Öffnungen Leckerlis freigibt. Hier muss der Hund Geduld und Geschicklichkeit beweisen, wodurch er von anderem Schabernack abgelenkt wird.
Läuft während Ihrer Abwesenheit das Radio, fühlt sich Ihr Husky nicht so einsam.
Da geteiltes Leid bekanntlich halbes Leid ist, kann auch die Anschaffung eines Zweithundes oder die vorübergehende Vergesellschaftung mit einem befreundeten „Leihhund" aus der Nachbarschaft helfen. Letzteres hat schon so manchen Quälgeist zur Vernunft gebracht, sodass er inzwischen sogar alleine und ohne außerplanmäßige Dummheiten zu machen, auf Herrchens Heimkehr wartet. Hat Ihr Vierbeiner während Ihrer Abwesenheit etwas ange-

Weitere Tipps

Das Alleinbleiben fällt Hunden leichter, die müde sind. Gehen Sie daher vorher mit Ihrem Vierbeiner spazieren oder spielen Sie mit ihm. Auch satte Hunde sind schläfrig. Es empfiehlt sich also außerdem, Ihren Siberian Husky vor Ihrem Weggang zu füttern. Lassen Sie ihn anschließend aber noch einmal nach draußen, damit er sich lösen kann. Viele Hunde tröstet schon ein vertrautes Kleidungsstück wie ein ausrangierter Socken oder eine alte Jacke von Ihnen im Körbchen.

Hunde, die von einem Spaziergang müde sind, warten leichter auf Herrchens oder Frauchens Rückkehr.

Haltung

stellt, schimpfen Sie ihn nicht; dafür müssten Sie ihn wirklich auf frischer Tat ertappen, ansonsten bringt er die Bestrafung nur mit Ihrer Rückkehr, nicht aber mit seinem Vergehen in Zusammenhang. Ignorieren Sie Ihren Hund lieber, bis alle Spuren beseitigt sind.

Abgewöhnen von Jugendsünden

Ab etwa dem achten Lebensmonat beginnt die Flegelphase eines Junghundes. In diese Zeit fällt auch die Geschlechtsreife des Vierbeiners. Nun testet Ihr Husky vermehrt aus, wie weit er bei Ihnen gehen kann, ob er Ihnen wirklich gehorchen muss oder nicht. Außerdem stellt der Jungspund allerhand Unfug an. Manche Hunde sind hierbei unglaublich einfallsreich. Kein Wunder, schließlich suchen sie mit ihrem aufmüpfigen Verhalten ihre genaue Rangposition innerhalb des Familienrudels. Damit Ihnen Ihr Husky nun nicht langsam aber sicher über den Kopf wächst, ist spätestens jetzt ein konsequentes Grenzensetzen enorm wichtig. Achten Sie auf feste sowie klare Regeln und einen strukturierten Tagesablauf für Ihren Vierbeiner. Somit merkt er schnell, wer in der Familie das Sagen hat; er orientiert sich daran und passt sich an.

Knabber- und Beißspiele

Absolut unerwünscht ist das Beknabbern und Zerbeißen von Schuhen oder Ähnlichem. Der nordische Teenager zwickt auch gerne in Hände, Füße und (Hosen-)Beine. Zwar ist das Knabbern nicht generell schlecht, immerhin nimmt der Junghund damit seine Umgebung ganz genau unter die Lupe; neue Dinge lernt er also auf diese Weise erst einmal kennen. Trotzdem müssen Sie dieses Verhalten zuhause in die richtigen Bahnen lenken. Am besten bekommt Ihr Husky gar keine Gelegenheit, an Ihre Schuhe oder Socken zu gelangen. Hat er doch einmal etwas Unerlaubtes zwischen den Zähnen, nehmen Sie es ihm mit

In der Flegelphase ist der Junghund zu allerhand Schabernack aufgelegt.

Stellen Sie Ihrem aufmüpfigen Vierbeiner genügend Kauspielzeug zur Verfügung, damit er sich nicht aus Langeweile an Ihren Schuhen oder Ähnlichem vergreift.

einem energischen „Nein" weg. Nach einer kurzen Pause lenken Sie ihn mit einem kleinen Spiel ab, und geben ihm anschließend ein erlaubtes Kauspielzeug. In dieser Phase ist es besonders wichtig, dem Vierbeiner genügend „legale" Knabberspielsachen aus Hartgummi, Hartholz oder Büffelhaut zur Verfügung zu stellen, denn häufig kaut der Junghund schon aus Langeweile. Ebenfalls unerlässlich ist natürlich eine angemessene Auslastung durch Spaziergänge und Spiele.

Vergreift sich Ihr Husky im Spiel zu fest an Ihrer Hand, reagieren Sie erneut mit einem „Nein" und beenden das Spiel sofort. Bald stellt der Kleine sein Zwicken ein, denn der darauf folgende Spielentzug macht das Beißen unattraktiv.

Anspringen

Hunde begrüßen und beschwichtigen ranghöhere Artgenossen, indem sie deren Mundwinkel lecken. Ein Verhalten, das im Futterbetteln von Wolfswelpen bei ihrer Mutter begründet liegt. Genauso möchten sich die Vierbeiner bei uns Menschen geben, doch leider ist dies den Hunden aufgrund unserer Größe nicht möglich, ohne uns dabei anzuspringen. Zwar ist dieses Verhalten durchaus gut gemeint und

Von einem Hund in der Größe eines Huskys angesprungen zu werden, kann ins Auge gehen.

Gewöhnen Sie Ihrem Husky von Anfang an ab, Sie und andere Menschen anzuspringen, denn nicht jeder wird von so einer stürmischen Begrüßung begeistert sein.

gilt als Geste der Unterordnung, trotzdem ist es aber zu Recht nicht besonders beliebt. Immerhin bringt ein kräftiger Hund wie der Husky, eine gewisse Masse mit, die einen nicht ganz standfesten Menschen im wahrsten Sinne des Wortes regelrecht umhauen kann. Außerdem sind gerade bei Schmuddelwetter hündische Drecktapser auf einer hellen Hose nicht unbedingt wünschenswert. Gewöhnen Sie daher schon dem Welpen ab, Menschen anzuspringen, indem Sie und Ihr Besuch sich bei jeder stürmischen Begrüßung vom Hund wegdrehen und ihn ignorieren. Sie kommen außerdem der ausgelassenen Freude Ihres Vierbeiners zuvor, wenn Sie sich zu ihm hinunter beugen und seine Sprungversuche bereits unten abfangen. Wenden Sie sich Ihrem Hund allerdings erst zu, wenn er sich etwas beruhigt hat. Kommentieren Sie ein eventuelles Springen mit einem energischen „Ab" und loben Sie Ihren Husky ausgiebig, wenn er unten bleibt.

Haltung

Geben Sie Ihrem Hund nichts vom Tisch, sonst erziehen Sie ihn erst zum Betteln.

Betteln
Geben Sie Ihrem Hund einen Leckerbissen vom Tisch, erziehen Sie ihn regelrecht zum Betteln. Selbst wenn Sie dieses Verhalten nicht stört, fallen Ihr Junghund und damit auch Ihre Erziehung bei Besuchern oder in einer eventuellen Pflegestelle doch sehr negativ auf. Damit es erst gar nicht so weit kommt, richten Sie Ihrem Vierbeiner von Anfang an einen eigenen, festen Futterplatz ein; nur hier wird er gefüttert. Während Ihrer Mahlzeit muss Ihr Vierbeiner auf seinem Platz liegen. Wollen Sie ihm dennoch ein kleines Stückchen Wurst oder Käse von Ihrer Brotzeit abgeben, füttern Sie es Ihrem Hund erst, wenn Sie mit Essen fertig sind.

Futterklau
Etliche Hunde klauen bei jeder Gelegenheit wie die Raben alles Essbare vom Tisch. Dies ist dem Vierbeiner nur schwer abzugewöhnen,

denn es handelt sich dabei um ein selbst belohnendes Verhalten: der Hund wird mit dem geklauten Futter sofort für seine Tat belohnt. Diese Verstärkung bringt Ihren Hund also dazu, die unerlaubte Handlung immer wieder durchzuführen. Am besten lassen Sie nichts Essbares in Reichweite Ihres Huskys liegen. Schimpfen Sie Ihren Hund nur, wenn Sie ihn auf frischer Tat ertappen, ansonsten hat er seinen Diebstahl vergessen und bringt die Strafe mit Ihrer Rückkehr in Verbindung. Einen Futterklau können Sie auch provozieren und gleich mit einem schlechten Erlebnis für den Vierbeiner kombinieren: Befestigen Sie dafür an einem besonders verlockend duftenden Leckerbissen laut scheppernde Blechdosen. Platzieren Sie die Verlockung nun genau an der Tischkante. Entfernen Sie sich anschließend aus dem Zimmer und lassen Sie Ihren Hund mit der Versuchung allein. Schnappt er jetzt nach der Leckerei, fallen auch die Dosen lärmend zu Boden. Ihr Dieb erschreckt sich und wird so schnell nichts mehr vom Tisch klauen.

Springen auf Möbel
Weil Hunde erhöhte Sitz- und Liegeplätze lieben, springen sie gerne auf das Bett, die Couch oder einen Sessel. Neben dem gemütlichen Liegekomfort spielt hier auch die tolle Rundumsicht, mit der Hund stets alles im Blick hat, eine Rolle. Im Prinzip spricht nichts dagegen,

Hunde lieben erhöhte Sitz- oder Liegeplätze, weil sie von oben alles bestens im Blick haben.

wenn Ihr Husky auf Kommando hinauf- und besonders auch wieder hinabspringt. Tut er das nicht oder nur unter Protest, lassen Sie ihn gar nicht mehr nach oben. Den Hund hierfür zu bestrafen nützt allerdings wieder nur, wenn Sie den Täter prompt überführen. Machen Sie Ihrem Vierbeiner bevorzugte Liegeflächen wie Bett oder Couch während Ihrer Abwesenheit so ungemütlich wie möglich: Legen Sie eine dünne Decke aus, unter der Sie lärmende Gegenstände wie Topfdeckel oder mit Kieselsteinen gefüllte Blechdosen verstecken. Springt Ihr Hund nun auf das so präparierte Sofa, erschreckt er durch die laut scheppernden Dinge. Auch der Liegekomfort ist dadurch stark beeinträchtigt, Ihre Couch verliert somit schnell ihren Reiz. Manchmal reicht es sogar schon, den verbotenen Platz mit beidseitigem Klebeband zu präparieren: bei jeder Berührung zieht es, weil einige Haare daran hängen bleiben.

Übermäßige Lautäußerungen

Schlittenhunde unterscheiden sich von den anderen europäischen Rassen durch ihre Lautäußerungen. Meistens wird ihr wolfsähnliche „Geheule" durch zu langes und nicht gewohntes Alleinbleiben sowie Langeweile ausgelöst. Aufgrund ihres ausgeprägten Rudelverhaltens versuchen Schlittenhunde auf diese Weise alle Rudelmitglieder wieder zusammenzurufen. Wenn der nordische Vierbeiner als Jungtier schon daran gewöhnt wurde, stundenweise alleine zu bleiben, stellt dieses kein Problem dar (siehe Seite 54). Es gibt jedoch immer wieder Huskys, die auch bellen.

Um übermäßiges Bellen abzustellen, ist in erster Linie eine intensive, auslastende Beschäftigung wichtig. Fordern Sie Ihren Husky mit einer alternativen Aufgabe. Loben und Belohnen Sie Ihren Hund in Bellpausen ausgiebig. Lassen Sie Ihren redseligen Vierbeiner während seiner Arie ins „Platz" gehen: Im Lie-

Häufig versuchen Huskys mit einem wolfsähnlichen Heulen all ihre Rudelmitglieder zusammenzurufen.

gen fühlen sich Hunde unsicherer und möchten nicht noch zusätzlich auf sich aufmerksam machen. Auch ein großer Kauknochen kann hilfreich sein. Bei übermäßigem Bellen im Garten oder auf dem Balkon, wirkt eine Wasserpistole mit größerer Reichweite Wunder: Ihr Husky wird überraschend getroffen und verbindet die Strafe nicht mit Ihrer Hand.

Grundkommandos

„Sitz"

Reagiert Ihr Husky zuverlässig auf seinen Namen, beginnen Sie mit der „Sitz"-Übung. Nehmen Sie hierfür ein Leckerli in die Hand, zeigen Sie es Ihrem Hund, damit er aufmerksam wird, aber geben Sie es ihm noch nicht. Führen Sie nun den Futterbrocken langsam an der Nasenspitze des Vierbeiners vorbei nach oben und dann nach hinten, in Richtung Hundestirn. Weil Ihr haariger Schüler dem verlockenden Leckerbissen folgen möchte, muss er sich am Ende Ihrer Handbewegung zwangs-

Mithilfe eines Leckerlis lernt Ihr Vierbeiner das „Sitz" sehr schnell.

läufig hinsetzen. Belohnen Sie ihn jetzt sofort mit der Leckerei, sagen Sie dabei das Kommando „Sitz" und loben Sie ihn ausgiebig. Wiederholen Sie diese Übung mehrmals täglich. Loben und belohnen Sie sofort, wenn er sitzt und geben Sie auch den Befehl „Sitz". Klappt die Lektion schließlich auf Kommando, verwenden Sie zusätzlich zur Sprache ein Sichtzeichen (z. B. erhobener Zeigefinger). Später genügt das visuelle Signal, damit Ihr Husky absitzt. Das Erlernen von Sichtzeichen kann Ihnen und Ihrem Hund vor allem auf die Entfernung hin sehr nützlich sein. In der Regel lernen Hunde das „Sitz" sehr schnell.

„Platz"

Das Einüben des „Platz"-Befehls ist häufig schwieriger als das Erlernen des Kommandos „Sitz", weil das Hinlegen auf Befehl vom Hund als Unterordnung empfunden wird. Nicht jeder Vierbeiner möchte sich so einfach ergeben, daher kann es hierbei vor allem mit sehr selbstbewussten Hunden Probleme geben.

Lassen Sie Ihren Husky zunächst vor Ihnen absitzen und anschließend an Ihrer Hand schnuppern, in der ein Leckerli versteckt ist. Gehen Sie dann mit Ihrer verlockend duftenden Hand von der Hundenase abwärts zwischen den Vorderbeinen des Hundes bis auf den Boden; dort angekommen ziehen Sie das Leckerli langsam zu sich her. Da Ihr haariger Schüler dem Futterbrocken mit der Nase folgen möchte, wird er sich aus Bequemlichkeit am Ende von selbst hinlegen, um besser an Ihre Hand zu gelangen. Sagen Sie genau in diesem Moment „Platz", loben Sie den Hund ausgiebig und belohnen Sie ihn mit dem Leckerli. Diese Übung funktioniert auch, wenn Sie sich auf den Boden knien, ein Bein nach vorne ausstrecken und den Hund mit einem Leckerli unter Ihrem gestreckten Bein hindurch locken. Klappt das „Platz", führen Sie ein zusätzliches Sichtzeichen ein. Winkeln Sie dafür beispielsweise Ihren Unterarm im 90°-Winkel an und strecken Sie ihn langsam nach unten aus; Ihre Handfläche bleibt dabei ebenfalls ausgestreckt.

Aufgepasst!

*Trainieren Sie mit Ihrem Siberian Husky nur, wenn Sie seine volle **Aufmerksamkeit** haben. Machen Sie sich für Ihren Hund zunächst also mit einem Leckerli oder seinem Lieblingsspielzeug interessant. Beginnen Sie die Übung erst, wenn Ihr Vierbeiner genau auf Sie achtet.*

Erste Erziehungsschritte

Aus dem „Sitz" heraus lässt sich gut das Kommando „Platz" aufbauen.

„Bleib"

Das Kommando „Bleib" wird in der Hundeerziehung oft unterschätzt. In vielen Situationen kann es von großer Bedeutung sein, den Vierbeiner in einer bestimmten Position verharren zu lassen, beispielsweise vor dem Bäcker, im offenen Kofferraum, an einer Straße oder um den Hund von der Verfolgung von Wild oder einer Katze abzuhalten.

Am einfachsten lernt Ihr Siberian Husky den Befehl „Bleib" über die Grundkommandos „Sitz" und „Platz". Lassen Sie Ihren Vierbeiner zunächst vor Ihnen absitzen oder abliegen. Kombinieren Sie dabei das „Sitz" oder „Platz" ab jetzt mit dem Wort „Bleib".

Lern-Tipps

Trainieren Sie kein neues Kommando ehe das vorher angefangene nicht sicher klappt! Üben Sie nie mit Ihrem Hund, wenn Sie gestresst und schlecht gelaunt sind oder keine Zeit haben. Ihre negative Stimmung überträgt sich sofort auf Ihren vierbeinigen Schüler; er ist dadurch verunsichert und bekommt unter Umständen eine Lernblockade. An erster Stelle des Trainings muss immer Spaß und gute Laune stehen.

Verwenden Sie zusätzlich von Anfang an folgendes Sichtzeichen: Ihre Handfläche zeigt am ausgestreckten Arm zu Ihrem Hund. Dies symbolisiert Ihrem Husky ein Stopp bzw. ein Verharren in der momentanen Position. Erstrecken Sie das „Bleib" anfangs nur über eine sehr kurze Zeitspanne und steigern Sie diese erst allmählich. Sparen Sie wie immer nicht mit Lob. Schimpfen Sie andererseits nicht, wenn Ihr wedelnder Schüler zunächst nicht in der gewünschten Stellung bleibt. Hier helfen nur Geduld und ein ruhiges „Nein" sowie das an-

Vergrößern Sie die Zeitspanne und die Entfernung zum Hund ganz langsam.

„Bleib"-Training für Regentage

Den „Bleib"-Befehl können Sie an Regentagen auch gut in der Wohnung üben. Entfernen Sie sich zunächst nur innerhalb des Zimmers vom Hund. Solange Sie noch in Sichtweite sind, verwenden Sie unbedingt zum gesprochenen Kommando das Sichtzeichen, ein Signal, das Ihnen in freier Natur auf große Entfernung hin wertvolle Dienste leistet. Später verlassen Sie den Raum ganz, wobei Ihr Siberian Husky seine Position solange nicht verändern darf bis Sie es ihm erlauben. Erfinden Sie aus dieser Übung heraus Indoor-Spiele wie beispielsweise „Verstecken" (Mensch, Gegenstände, Futter etc.). Sparen Sie selbstverständlich auch bei Spielen nie mit Lob. Stecken Sie Ihren eifrigen Vierbeiner mit guter Laune an, nur so macht Lernen Spaß!

schließende erneute In-Position-Bringen unter Verwendung der entsprechenden Befehle (z. B. „Sitz und Bleib") und des Sichtzeichens. Vergrößern Sie neben dem Zeitfaktor allmählich auch die Entfernung zum Hund. Erhöhen Sie den Schwierigkeitsgrad nach und nach, indem Sie die Übungsorte wechseln und außerdem Ablenkungen für Ihren Husky schaffen, auf die er natürlich nicht reagieren darf (z. B. durch Geräusche, Gegenstände, andere Menschen, andere Hunde). Selbst wenn Sie außer Sichtweite sind, sollte Ihr vierbeiniger Gefährte schließlich in der gewünschten Position verharren. Erschweren Sie die Übung immer erst dann, wenn der vorausgegangene Schritt wirklich sitzt und heben Sie das Kommando immer erst durch ein Gegenkommando wie „Lauf" wieder auf. Beherrscht Ihr tierischer Freund das Kommando „Bleib" perfekt, können Sie den Befehl ab jetzt in diversen Situationen in Ihren Alltag integrieren. Auch bei Fotoaufnahmen macht Ihr Husky nun als ruhig verharrendes Modell eine gute Figur.

Das „Bleib" bewährt sich nicht nur in diversen Alltagssituationen, sondern auch für gelungene Fotoaufnahmen.

Wichtiges Auflösungskommando

Vergessen Sie nicht, Befehle wie „Sitz", „Platz", „Bleib" oder „Hier" durch ein entsprechendes Gegenkommando wie beispielsweise „Lauf" wieder aufzuheben. Werfen Sie hierfür ein Futterbröckchen einige Zentimeter vor den Hund und sagen „Lauf". Später wird Ihr Hund so lange in einer bestimmten Position verharren, bis er das Auflösungskommando von Ihnen erhält.
Achtung: *Besonders zu Beginn der Ausbildung ist es sehr wichtig, ein Kommando schnell wieder aufzulösen; in jedem Fall bevor der Hund von sich aus aufsteht und die Übung nach seinem Ermessen beendet!*

Erste Erziehungsschritte

Geben Sie nach allen Befehlen auch wieder ein Auflösungskommando.

„Hier"

Üben Sie das Herkommen zunächst in einem abgeschlossenen Terrain, in dem sich für den Hund möglichst wenige Ablenkungen bieten. Stellen Sie sich in kurzer Distanz vor den Hund hin und gehen Sie in die Hocke. Haben Sie die volle Aufmerksamkeit Ihres Huskys, rufen Sie ihn beim Namen und gleich darauf das Kommando „Hier". Locken Sie Ihren Hund zusätzlich mit einem Leckerli oder seinem Lieblingsspielzeug. Kommt der Vierbeiner auf Sie zu, loben und belohnen Sie ihn ausgiebig. Vergrößern Sie die Distanz nach und nach. Gehen Sie jedoch wie immer erst zur nächsten Trainingseinheit über, wenn die Vorherige sicher sitzt. Loben Sie den Vierbeiner wieder überschwänglich, wenn er bei Ihnen ankommt.
Klappt das „Hier" zuverlässig in abgeschlossenem Terrain, beginnen Sie mit ersten Übungen im freien Feld. Dabei leistet eine lange Schleppleine gute Dienste. Lassen Sie die Leine neben dem Hund schleifen. Reagiert er nicht auf das Kommando „Hier", ziehen Sie ganz sanft und kommentarlos an der Leine bis Ihr Husky von selbst in Ihre Richtung läuft; dann loben Sie ihn sofort wieder. Schnell lernt Ihr haariger Gefährte, Ihren verlängerten Arm zu respektieren und zuverlässig auf Befehl zu kommen, auch wenn Ablenkungen in der Nähe sind.
Die tägliche Fütterung und der gleichzeitige Einsatz einer Hundepfeife eignen sich ebenfalls als Lockmittel. Wartet der Hund beispielsweise hungrig auf sein Futter, bringen Sie ihn in ein anderes Zimmer, in dem ihn eine Hilfsperson festhält. Gehen Sie dann zurück

Gehen Sie auf Nummer sicher und üben Sie das „Hier" zunächst in einem eingezäunten Grundstück.

Nur wenn Sie für Ihren Hund eine interessante Anlaufstelle sind, kommt er gerne zu Ihnen zurück.

zum Napf, rufen „Hier" und pfeifen einmal kurz, wird der Vierbeiner losgelassen und rennt sofort zu Ihnen beziehungsweise seinem heiß ersehnten Fressen. Bei dieser Methode verknüpft Ihr Husky den „Hier"-Befehl immer mit etwas Angenehmem.

Kommt Ihr Hund mehr oder weniger zufällig zu Ihnen, sagen Sie erneut sofort das Kommando „Hier" und loben und belohnen Sie ihn überschwänglich. Selbst dieses Zufallsprinzip ist Erfolg versprechend.

Lob und Strafe

Lob ist in der Hundeerziehung der Schlüssel zum Erfolg. Belohnen Sie jeden Schritt in die richtige Richtung eines erwünschten Verhaltens sofort, auch wenn Ihr Hund zufällig handelt. Nur so motivieren Sie Ihren Vierbeiner, aus Spaß an der Freude mit Ihnen weiterzuarbeiten. Passen Sie die Art der Belohnung individuell an die Vorlieben Ihres Huskys an. So freuen sich manche Hunde schon sehr über ein gesprochenes Lob und Streicheleinheiten, andere bevorzugen eher Leckerlis. Einige Vertreter sind glücklich, wenn sie ihr Lieblingsspielzeug bekommen, wieder andere empfinden ein lustiges Spiel als tolle Belohnung.

Setzen Sie Strafen dagegen nicht in Form von körperlicher Gewalt ein: Eine körperliche Züchtigung kann, abgesehen von einem raschen Vertrauensbruch, sogar als positive Verstärkung wirken, schließlich bekommt der Vierbeiner damit Aufmerksamkeit bzw. Zuwendung, auch wenn diese negativer Art ist. Sie bestärkt ihn wiederum in seinem Fehlverhalten und veranlasst ihn dazu, weiterzumachen. Deutlich wirkungsvoller als Gewalt ist der Entzug von Zuwendung, wenn es die Situation zulässt. Ignorieren Sie unerwünschtes

Viel Spaß trotz Leinenzwang

Bei den meisten Rassevertretern ist es nicht möglich, sie abzuleinen, ohne dass sie ihrem großen Hobby dem Jagen frönen und zwar mit einem zeitlichen open end. Gerade für diese Huskys ist eine auslastende Bewegungsalternative enorm wichtig, denn ein Schlittenhund ist nur ausgeglichen und glücklich, wenn er seinen großen Bewegungsdrang voll und ganz ausleben kann. Auch eine gute Sozialisation mit anderen Hunden ist bei einem Husky mit eventuellem späteren Leinenzwang von klein auf unverzichtbar, da die Leine einen Vierbeiner aufgrund des verminderten Aktionsradius ziemlich in seinen natürlichen Verhaltensweisen einschränkt. Somit entstehen bei angeleinten, schlecht sozialisierten Vierbeinern schnell untereinander Missverständnisse, die wiederum zu heftigen Auseinandersetzungen führen können. Huskys mit Leinenzwang sollten regelmäßig die Möglichkeit haben, sich auf einem eingezäunten Gelände mit Artgenossen austoben zu dürfen.

Erste Erziehungsschritte

Arbeiten Sie lieber mit positiver Verstärkung als mit Strafe: Belohnen Sie beispielsweise jede Bellpause.

Verhalten also einfach. Bellt Ihr Hund beispielsweise übermäßig, beachten Sie es nicht. Belohnen Sie andererseits aber jede Bellpause. So lernt Ihr vierbeiniger Freund, dass sich Nicht-Bellen mehr auszahlt als Kläffen.
Eine weitere wirksame Vorgehensweise gegen unerwünschtes ist, Ihren renitenten Husky in eine bestimmte langweilige Zimmerecke zu schicken, in der es weder Zuwendung, Futter, eine Schlafdecke und Spielsachen, noch ein interessantes Fenster zum Hinausschauen und Beobachten gibt. Stellt Ihr Husky etwas Verbotenes an, bringen Sie ihn sofort (innerhalb von zwei Sekunden) nach einem (!) kurzen Befehl („Nein", „Aus", „Pfui" etc.) auf den vorher beschriebenen faden Platz; hier bleibt Ihr Vierbeiner für die nächsten zwei bis fünf Minuten. Anschließend holen Sie ihn wieder, jedoch ohne ihn zu begrüßen oder ein Wort zu sagen. Die Sache ist nun erledigt und Sie gehen wieder zur Tagesordnung über. Beginnt Ihr Hund erneut mit Unfug, ermahnen Sie ihn einmal (!) mit demselben Befehl von vorhin („Nein", „Aus", „Pfui" etc.) Reicht dies noch nicht aus, um ihn von seinem Vorhaben abzubringen, muss er wieder in seine „Schämecke". Schon bald merkt Ihr Husky, dass sein Schabernack langfristig keinen Spaß macht. Bestimmte Angewohnheiten können Sie Ihrem Hund auch abgewöhnen, indem Sie ihm seine Macken einfach verleiden oder seine Aufmerksamkeit auf etwas Erlaubtes umlenken (siehe Seite 56).

Fazit Sparen Sie in der Hundeerziehung also nicht mit Lob und Belohnung. Strafen Sie dagegen nur wohldosiert und gut überlegt, denn das Vertrauen eines Vierbeiners ist durch unüberlegtes Handeln schneller zerstört, als es sich später wieder aufbauen lässt.

Bitte beachten Sie Schwerwiegende Verhaltensauffälligkeiten wie Schnappen oder Beißen dürfen selbstverständlich nicht ignoriert werden. Wenden Sie sich in einem solchen Fall unbedingt an einen kompetenten Hundetrainer.

Lob ist eine der größten Motivationen für den Hund – aber achten Sie auf seine Körpersprache, was er mag und was nicht.

Pflege

Gewöhnen Sie Ihren Husky von klein auf an diverse Pflegemaßnahmen.

Welche Pflegemaßnahmen sind nötig und wie gewöhnt man den Siberian Husky daran?

Macht das Hundekind der Pflege schlechte Erfahrungen oder dauert es ihm zu lang, wird es Körperpflege zukünftig als unangenehm empfinden und ihr lieber aus dem Weg gehen wollen. Pfotenabputzen und Stillhalten beim Bürsten müssen erst einmal gelernt werden. Führen Sie Ihren Welpen auch möglichst frühzeitig an die Augen-, Ohr-, Zahn- und Krallenkontrolle heran. Bleibt Ihr Hundekind bei der Pflege ruhig und gelassen, belohnen und loben Sie es ausgiebig. Wehrt sich dagegen Ihr junger Vierbeiner oder wird er albern, bringen Sie ihn mit einem bestimmten „Nein" zur Ruhe; hält er wieder still, loben und belohnen Sie ihn sofort.

Huskys haben sehr pflegeleichtes Fell, das sich selbst reinigt und nur etwa einmal wöchentlich gebürstet werden muss.

Fellpflege

Wölfe haben ihre ganz eigene Art der Fellpflege: Sie nehmen Sand- und Schlammbäder, die gleichzeitig wie eine Massage wirken und die Talgdrüsen der Haut anregen. Die Haare werden durch Lecken gereinigt, wobei der Speichel dabei Keime abtötet. Unsere Hunde verhalten sich ganz ähnlich, allerdings entspricht diese Art der Fellpflege nicht unserem hygienischen Verständnis, sodass wir hier gerne nachhelfen. An das Bürsten gewöhnt sich der Husky in der Regel schnell, denn bald merkt er, dass Fellpflege auch eine sehr angenehme Massage sein kann, die hervorragend die Durchblutung der Haut anregt. Bürsten Sie immer mit dem Strich, also in Haarwuchsrichtung von vorne nach hinten und untersuchen Sie Ihren hündischen Freund nebenbei gleich auf einen eventuellen Parasitenbefall oder Hautverletzungen. In der Regel reicht es aus, einen Husky einmal wöchentlich mit einem Naturhaarstriegel zu bürsten. Unterstützen Sie den halbjährlichen Haarwechsel von innen mit einer über das Futter gestreuten Kräutermischung aus Löwenzahn, Birkenblättern, Brennnesseln und Ackerschachtelhalm. Spitzwegerich, Kerbel und Petersilie helfen aufgrund ihres hohen Vitamingehalts, das Immunsystem anzuregen. Entsprechende Fertigpräparate gibt es inzwischen im Fachhandel zu kaufen.

Weil zu häufiges Baden die Schmutz abweisende und wetterfeste Schutzschicht des Felles zerstört, sollten Sie Ihren Welpen nur im Notfall in die Wanne setzen. Anschließendes Föhnen ist zu vermeiden, denn das ungewohnte Geräusch, die Lautstärke und das warme Gebläse machen einem Hund leicht Angst. Rubbeln Sie den Kleinen nach dem Abspülen eines milden Hundeshampoos lieber gut mit einem Handtuch trocken und lassen Sie ihn an kalten Tagen wegen der Erkältungsgefahr nicht sofort ins Freie, sondern stellen Sie seinen Korb in die Nähe der wärmenden Heizung. In der Regel reicht das Ausbürsten oder Abrubbeln von Schmutz.

Pfoten

Nützen sich die Krallen Ihres Huskys nicht auf natürliche Weise ab, müssen sie von Zeit zu Zeit geschnitten werden, damit sie nicht abbrechen. Führen Sie Ihren Welpen hier ganz

Haltung

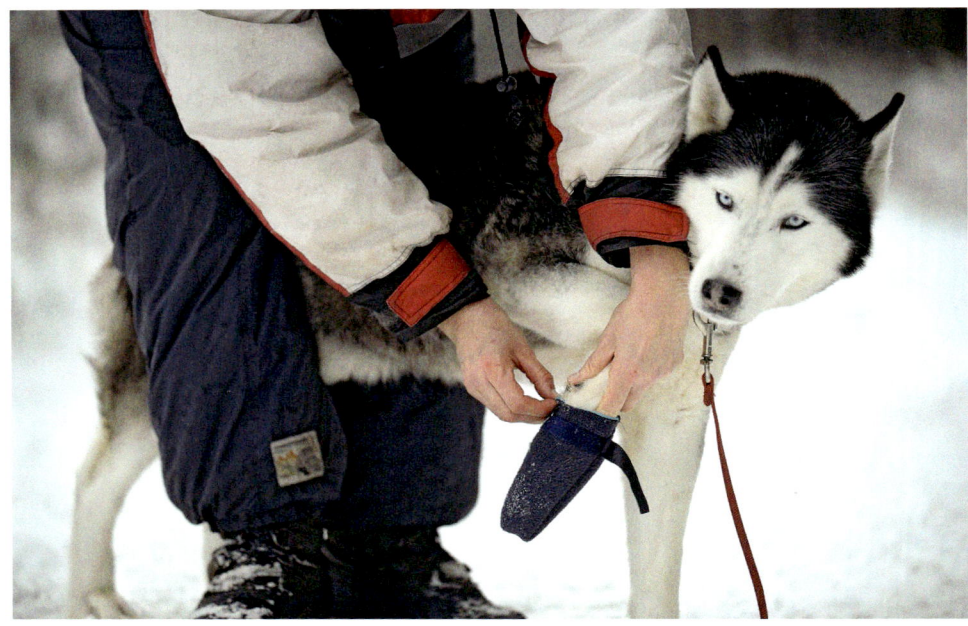

Im Winter können für Hunde Booties nötig sein, um die Pfoten vor Streusalz zu schützen.

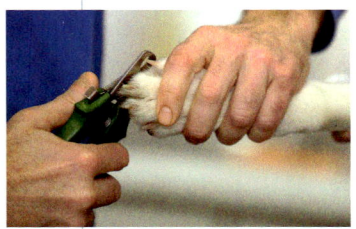

Wer einmal anfängt mit Krallenschneiden, muss dies immer weiterführen.

langsam und in kleinen Schritten heran: Nehmen Sie zunächst immer wieder abwechselnd eine seiner Pfoten auf und halten Sie diese kurz in der Hand; fasst der Hund Ihr Vorgehen als lustiges Spiel auf oder will er seine Pfote wegziehen, korrigieren Sie ihn mit einem energischen „Nein"; bleibt er ruhig, loben Sie ihn ausgiebig. Zum Krallenschneiden verwenden Sie eine spezielle Zange aus dem Fachhandel. Achten Sie darauf, dass Sie keine Blutgefäße verletzen. Am besten lassen Sie sich die richtige Technik erst einmal von Ihrem Tierarzt zeigen.

Das Pfotenabputzen üben Sie ebenfalls durch das abwechselnde Aufnehmen der Pfoten. Möchte Ihr Junghund während des Abputzens in das Handtuch beißen, reagieren Sie erneut mit einem „Nein". Verhält er sich dagegen brav, winkt am Ende wieder eine Belohnung. Im Winter empfiehlt sich zusätzlich eine regelmäßige Ballenkontrolle, denn durch das viele Streusalz wird die Pfotenunterseite leicht trocken oder rissig. Abhilfe schaffen Einreibungen mit Hirschtalg, Melkfett oder Vaseline.

Augen, Ohren, Zähne
Führen Sie Ihren Hund besonders behutsam an die Augenpflege heran; streichen Sie Ihrem Welpen schon im Spiel oder während des Streichelns immer wieder kurz über die Augen. Entfernen Sie Sekret oder Verkrustungen in den Augenwinkeln später mit einem weichen, feuchten, sauberen Tuch. Im Zoofachhandel bekommen Sie hierfür spezielle Pflegetücher.

Pflege

Zahnwechsel bei Welpen

Der Zahnwechsel beginnt etwa im vierten Lebensmonat Ihres Siberian Huskys. Geben Sie Ihrem Vierbeiner in dieser Zeit genügend Kaumaterial wie Büffelhautknochen und Spielzeug aus Hartgummi oder Hartholz. Gegen eventuell auftretende Schmerzen helfen, wie bei Babys, das zuckerfreie Dentinox-Gel aus Kamillenblüten oder das homöopathische Kombi-Präparat Osanit. Fällt ein Milchzahn auch nach längerer Zeit nicht von selbst aus, obwohl schon der neue Zahn sichtbar ist, lassen Sie den alten vom Tierarzt ziehen, um Gebissfehlstellungen zu vermeiden.

Die wichtigsten Pflegeutensilien

- ✓ Striegel oder Bürste
- ✓ Flüssiger Ohrreiniger vom Tierarzt
- ✓ Reinigungstücher für die Augen
- ✓ Hundezahnbürste und -pasta bzw. Kaustripes zur Zahnpflege
- ✓ Krallenschere
- ✓ Vaseline, Hirschtalg oder Melkfett zur Ballenpflege
- ✓ Zeckenzange

Kontrollieren Sie auch ab und zu die Ohren Ihres Vierbeiners. Obwohl stehohrige Rassen wie der Siberian Husky nicht so empfindlich und anfällig für Ohrerkrankungen sind, sollten Sie trotzdem darauf achten, dass sich weder Krusten oder Fremdkörper im Ohr befinden noch Haare in den Gehörgang wachsen. Eventuell vorgefundene, unangenehme Parasiten müssen schnell behandelt werden. Halten Sie das Hundeohr sauber, damit es nicht zu schmerzhaften Entzündungen durch Bakterien oder Pilze kommt. Verwenden Sie für die Säuberung des Gehörgangs jedoch keine Wattestäbchen, sondern nur spezielle Flüssigreiniger vom Tierarzt.

Eine regelmäßige Zahnkontrolle führen Sie am besten von klein auf bei Ihrem Husky durch. Während des Zahnwechsels braucht der junge Vierbeiner genügend Kaumaterial. Harte Leckereien zwischendurch entfernen schädliche Beläge. Zur dauerhaften Gesunderhaltung von Zähnen und Zahnfleisch empfiehlt sich regelmäßiges Zähneputzen; hierfür gibt es im Zoofachhandel oder bei Ihrem Tierarzt Hunde-

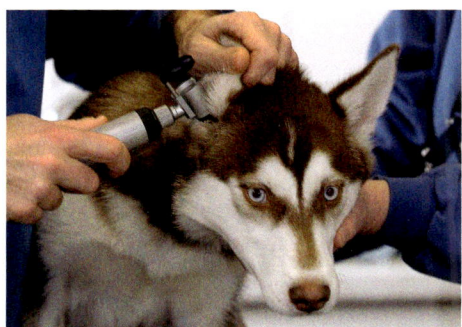

Verunreinigungen im Gehörgang werden mit einem Flüssigreiniger vom Tierarzt entfernt.

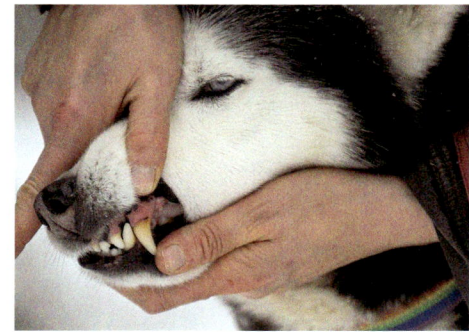

Gegen schädlichen Zahnbelag und Zahnstein helfen regelmäßiges Zähneputzen und harte Leckereien zwischendurch.

Haltung

zahnbürsten und -pasten. Aber auch zahnpflegende Kaustripes haben sich bewährt. Allerdings sind diese in Hundekreisen wohl Geschmacksache und nicht bei jedem Vierbeiner beliebt.

Schmuddelwetter-Tipps
An Schlechtwettertagen ist ein Handtuch unverzichtbar. Um Ihren Husky schon vor dem Einsteigen ins Auto gründlich abrubbeln zu können, legen Sie dort am besten ein Tuch griffbereit. Im Fahrzeug selbst hat es sich bewährt, den Hundeplatz mit einer waschbaren Decke oder einer Gummischmutzfangmatte auszustatten: Beide Teile sind leicht separat zu reinigen, ohne dass Sie gleich das ganze Auto unter Wasser setzen müssen. Ebenfalls möglich ist die Unterbringung des nassen Hundes in einer mit saugfähigen Tüchern ausgelegten Transportbox, denn auch diese ist einfach zu säubern und begrenzt den Schmutzeintrag auf eine kleine Fläche.

Legen Sie ein weiteres Handtuch vor die Haustür, mit dem Sie Ihren Husky bereits vor der Wohnung gründlich abrubbeln können. So bleibt der größte Dreck auf jeden Fall draußen.

Ein Husky muss und möchte täglich raus, für ihn gibt es also kein schlechtes Wetter.

Ein Handtuch ist bei Schmuddelwetter ein unverzichtbares Utensil.

Kann Ihr haariger Kamerad jederzeit zwischen Haus und Garten frei pendeln, empfiehlt sich ein feuchtes oder gut saugendes Tuch auf dem Boden des Verbindungsbereiches. Läuft Ihr Hund nun in die Wohnung, tritt er sich schon ganz automatisch die Pfoten auf seinem „Eingangsteppich" ab.

Hilfreich ist ebenfalls das Kurzhalten der Haare um die Pfoten und zwischen den Ballen. Somit verringert sich das Mitführen von Dreck.

Gerade in der Schmuddelwetterzeit ist es sehr vorteilhaft, wenn Ihr Vierbeiner auf Kommando seinen Platz aufsucht und dort so lange bleibt, bis Sie den Befehl wieder aufheben. Ist Ihr Husky also noch nicht ganz trocken, können Sie ihn sofort nach der Rückkehr vom

Spaziergang in sein Körbchen schicken, ehe er überhaupt die Gelegenheit hatte, den Dreck im ganzen Haus zu verteilen. Für einen noch feuchten Vierbeiner ist ein Hundeplatz an der wärmenden Heizung angebracht; beachten Sie außerdem unbedingt: Zugluft ist für einen nassen Hund Gift.

Mit etwas Geduld und Geschick des Hundeführers lernen besonders eifrige Vierbeiner auch, sich bereits vor dem Haus auf Befehl zu schütteln oder auf dem Fußabstreifer die Pfoten abzuputzen. Gewöhnen Sie Ihrem Vierbeiner außerdem von vornherein ab, Sie oder andere Menschen anzuspringen: Besucher mit hellen Hosen werden nicht wirklich von einer stürmischen Begrüßung Ihres nassen Huskys begeistert sein.

Für Sie als begleitender Zweibeiner ist ein extra Schlechtwetter-Dress ratsam, das heißt: Tragen Sie lieber ältere, zweckdienliche Kleidung und nicht gerade die tollsten Neuerwerbungen. Auch eine Regenhose ist praktisch und schützt Ihre Jeans vor Nässe und Schmutz. Gummistiefel dürfen in keinem Hundehaushalt fehlen, so bleiben gute Halbschuhe an Schlechtwettertagen trocken.

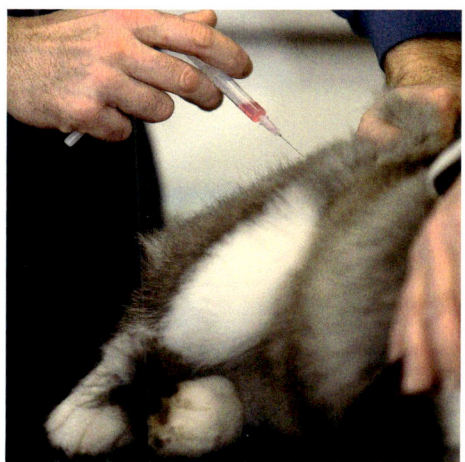

Regelmäßiges Impfen darf bei einer optimalen Pflege nicht fehlen.

Wellness für den Husky

Wellness macht Spaß und zwar nicht nur uns Menschen. Mit entsprechenden Maßnahmen können Sie auch Ihrem Husky etwas Gutes tun. Sichtlich wird er es genießen, sich einmal so richtig von Ihnen verwöhnen zu lassen.

Bachblüten und Homöopathie

Diverse Bachblüten und homöopathische Mittel verhelfen Ihrem Hund zu neuen Kräften. So wirken beispielsweise die Blüten Centaury, Chicory, Clematis und Crap Apple entschlackend und reinigend. Crap Apple hat außerdem eine ausgleichende Wirkung auf den Stoffwechsel

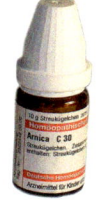

Bestimmte homöopathische Mittel verhelfen Ihrem Husky zu neuen Kräften.

Weitere Pflege-Tipps

Auch regelmäßige Impfungen gegen Staupe, Hepatitis, Leptospirose, Parvovirose und Tollwut sowie Entwurmungen gehören zu den obligatorischen Pflegemaßnahmen bei einem Hund. Um einen Parasitenbefall zu vermeiden, ist außerdem ein sauberer Schlafplatz wichtig: Verwenden Sie nur Decken, Kissen oder Polster, die maschinenwaschbar sind. Untersuchen Sie Ihren Siberian Husky zudem von Frühjahr bis Herbst täglich auf Zecken, denn diese könnten Ihren Hund mit Borreliose infizieren. Spezielle Präparate schützen vor starkem Zeckenbefall. Lassen Sie sich bei der Wahl des richtigen Mittels von Ihrem Tierarzt beraten.

Ihr Husky wird ein Verwöhnprogramm sichtlich genießen.

in Bauch- oder Seitenlage des Hundes. Dabei können Sie in einfachen, geraden Linien streicheln oder in Wellen. Auch ein Kreisen Ihrer Handflächen wirkt entspannend. Variieren Sie zusätzlich den Druck. Massieren Sie jedoch nicht zu kräftig, Ihr Hund soll sich schließlich wohlfühlen und keine Schmerzen haben. Bearbeiten Sie besonders belastete Partien wie die Beinmuskulatur extra sanft mit den Fingerkuppen. Lockernd wirkt leichtes Kneten und Rollen von Haut und Muskeln. Streichen Sie am Ende einer Massage immer den ganzen Körper des Hundes noch einmal sanft aus. Eine Massage sollte nicht länger als 15–20 Minuten dauern; gewöhnen Sie Ihren Husky erst langsam an diese Zeitspanne. Massieren Sie nie, wenn Ihr Vierbeiner eine Infektion hat oder gerade gefressen hat.

Die Akupressur ist eine Abwandlung der Akupunktur. Hier wird ohne Nadeln, nur mit der

und das Immunsystem Centaury erfrischt und vitalisiert. Olive stellt das innere Gleichgewicht bei Erschöpfung wieder her, Agrimony stärkt und schützt vor Überbelastung. Die Abwehrkräfte Ihres Huskys werden mit Echinacea-Globuli gestärkt. China und Ignatia haben sich bei Erschöpfungszuständen und Stress bewährt. Gegen Muskelkater und Überanstrengung eignen sich innerlich Arnika und Traumeel. Bei Verspannungen kann Magnesium phosphoricum helfen.

Inzwischen gibt es schon fertige Bachblütenmischungen oder homöopathische Präparate im Zoofachhandel zu kaufen. Möchten Sie jedoch tiefer in die Materie einsteigen, lassen Sie sich von einem erfahrenen Therapeuten beraten.

Mit Massage, Akupressur und TTouch® entspannen

In keinem Verwöhnprogramm darf eine wohltuende Massage fehlen. Sie erfolgt am besten

Bürsten hat bereits einen wohltuenden Massageeffekt, weil es auch die Durchblutung der Haut anregt.

Pflege

Nach der entspannenden Massage von Frauchen oder Herrchen tut ein kleines Schläfchen gut.

Berührung und dem Druck der Finger gearbeitet. Dies hat neben dem körperlichen Aspekt auch eine sehr positive, entspannende Wirkung auf die Psyche des Hundes.

Die TTouch®-Methode hingegen besteht aus unterschiedlichen Bewegungen und Handpositionen, die im Uhrzeigersinn auf der Haut des Hundes in verschiedenen Druckstärken ausgeführt werden. Vor allem bei seelischen Störungen sowie zur allgemeinen Beruhigung, zum Stressabbau und Wiederherstellung des Vertrauens hat sich der TTouch® bewährt. Auch zur Schmerzlinderung wird diese Methode erfolgreich eingesetzt. Etliche Hundeschulen bieten inzwischen TTouch®-Seminare an.

Aroma-, Farb- und Musiktherapie für neues Wohlbefinden

Die Aromatherapie fördert die seelische Ausgeglichenheit, aktiviert den Kreislauf und stärkt die Abwehrkräfte. Sie erfrischt und verhilft zu neuer Energie. Die ätherischen Öle werden dabei entweder in einer Duftlampe, einem Kräutersäckchen, einem speziellen Hundehalstuch oder direkt auf dem Liegeplatz Ihres Hundes angewendet, allerdings wohl dosiert (2–3 Tropfen) und nur, wenn es Ihrem Vierbeiner auch wirklich behagt. Eine Duftlampe sollte mindestens eine Stunde brennen. Da ein Hund sehr empfindliche Schleimhäute hat, dürfen Sie die Öle nie direkt auf ihn träufeln. Stärkend, aufbauend und reinigend für den gesamten Organismus wirken Lavendel, Orange, Zitrone, Geranium, Grapefruit und Muskatellersalbei. Mandarine und Melisse beruhigen und entspannen. Mimose baut zu-

Eine sanfte, sparsam dosierte Aromatherapie kann Hunden zu neuer Energie verhelfen.

Haltung

Wellness vom Profi

Inzwischen bieten viele Hundephysiotherapeuten auch Wohlfühlbehandlungen für Hunde an. Dabei werden häufig verschiedene Techniken miteinander kombiniert. So erhält die Massage Ihres Vierbeiners gleichzeitig eine Untermalung mit angenehmen Düften und entspannender Musik. Beruhigendes Licht darf dabei selbstverständlich ebenfalls nicht fehlen. Neben der herkömmlichen Massage gehören häufig auch Fuß- oder Ohrreflexzonenmassagen zum Behandlungsspektrum. Einige Therapeuten verfügen sogar über eigene Hundeschwimmbäder. Manche Praxen bieten Kurse in Massage, Akupressur und TTouch® für den Eigengebrauch an. Außerdem finden Sie im Fachhandel interessante Bücher zum Thema.

Wer die Kosten nicht scheut, kann sich auch zusammen mit seinem Hund in speziellen Wellness-Hotels verwöhnen lassen.

Inzwischen gibt es schon Wellness-Hotels, in denen sich Zwei- und Vierbeiner gleichermaßen verwöhnen lassen können.

sätzlich seelisch auf. Zimt und Vanille wird eine ausgleichende, beruhigende und entspannende Wirkung nachgesagt. Neroli-Öl harmonisiert.

Hunde wie auch Menschen sprechen sehr gut auf farbiges Licht an. Rot hat sich besonders bei Erschöpfungszuständen und Appetitlosigkeit bewährt. Orange kommt hingegen bei Immunschwäche zum Einsatz. Gelb hilft bei schwachen Nerven und Schockzuständen. Grün wirkt ausgleichend und Blau beruhigend. Violett wird bei Nervosität, Ängstlichkeit, Hysterie und zur Verarbeitung von Traumata eingesetzt.

Auch Musik entspannt Ihren Husky. Untersuchungen haben ergeben, dass gerade langsame Barockmusik eine sehr beruhigende Wirkung auf Vierbeiner hat. Genauso gut geeignet ist Herrchens oder Frauchens Meditations-CD. Wer musikalisch jedoch auf Nummer Sicher gehen will, kann inzwischen im Fachhandel spezielle Musik für Hunde erwerben.

Auch Musik wirkt bei Hunden sehr entspannend. Untersuchungen haben dies bestätigt.

Ernährung

Das Futter Ihres Hundes sollten Sie individuell an die Auslastung des Vierbeiners anpassen: Der Sportler unter ihnen braucht energiereicheres als der reine Familienhund.

Zum Wohlfühlprogramm Ihres Huskys und seiner Gesunderhaltung gehört auch eine ausgewogene Ernährung. Füttern Sie nur hochwertiges Futter, das dem Alter, Gesundheitszustand und der Auslastung Ihres Vierbeiners angepasst ist. So benötigen arbeitende Sporthunde beispielsweise energiereicheres Futter als normal beanspruchte Familienhunde. Auch Welpen brauchen eine andere Ernährung als erwachsene Hunde, schließlich sind sie noch in der Entwicklung. Der Fachhandel hält inzwischen für alle Altersklassen und Bedürfnisse spezielles Hundefutter parat. Mit einem qualitativ hochwertigen Fertigfutter gehen Sie also in jedem Fall auf Nummer sicher: Ihr Husky wird optimal mit allen wichtigen Nähr-

Haltung

Geben Sie Vitaminpräparate nur in Absprache mit dem Tierarzt, denn überdosiert können Vitamine mehr schaden als nutzen.

stoffen versorgt. Trotzdem kommt es immer wieder vor, dass ein Hund das handelsübliche Futter nicht verträgt. In diesem Fall müssen Sie selbst zum Kochlöffel greifen. Dies ist nicht ganz einfach, denn die richtige Zusammensetzung einer ausgewogenen Ernährung ist fast schon eine Wissenschaft für sich.

Auch das „Barfen" (= biologisch artgerechte Rohfütterung) ist möglich; aber auch hier ist eine umfassende Information vorab durch einen Tierarzt oder entsprechende Fachliteratur wichtig.

Im Folgenden finden Sie jedoch einige Tipps für eine abwechslungsreiche und gesunde Hundemahlzeit. Fleisch und Ballaststoffe in Form von Reis oder Hundeflocken bilden die Basis einer ausgewogenen Hundeernährung. Achten Sie zusätzlich auf eine ausreichende Vitamin- und Mineralstoffversorgung. Diese geschieht am besten in Form von natürlichen Zusätzen wie frischem, unbehandelten Obst, Gemüse, Kräutern, Hüttenkäse oder Naturjoghurt. Bei Obst eignen sich Äpfel sehr gut. Sie sind reich an Vitaminen und Mineralien und wirken durch die enthaltenen Pektine entgiftend. Gemüse ist nicht nur gesund, es fördert mit seinen Ballaststoffen auch die Verdauung. Außerdem beeinflusst es positiv den Säure-Base-Haushalt des Hundes. Ideal sind Möhren, denn sie enthalten viel Karotin, die Vorstufe von Vitamin A, außerdem Mineralstoffe und Spurenelemente. Geben Sie zusätzlich immer etwas Öl. Dies hilft bei der Verwertung des fettlöslichen Vitamin A. Gekochter Broccoli ist ebenfalls sehr gesund. Er wirkt krebsvorbeugend und entgiftend. Spinat, Erbsen, grüne Bohnen und Tomaten runden einen ausgewogenen Speiseplan ab. Kräuter wie Brennnesseln, Basilikum, Petersilie, Löwenzahn und Dill sind nicht nur reich an wichtigen Vitaminen, Mineralien und Spurenelementen, sie haben auch eine heilende Wirkung bei verschiedenen Krankheiten. In Zeiten extremer Anforderung oder erhöhter Krankheitsanfälligkeit

Sauberkeit am Futterplatz ist oberstes Gebot.

Tipp!

Für alle Hundefutter-Hobbyköche gibt es im Buch- und Zoofachhandel eine breite Palette an Ratgebern zum Thema „Hundeernährung". Wenn Sie für Ihren Siberian Husky kochen, ist ein umfassendes Informieren unerlässlich, damit Ihr Vierbeiner durch einen ausgewogenen Speiseplan wirklich optimal mit allen wichtigen Nährstoffen versorgt wird und es nicht zu Mangelerscheinungen kommt.

Ernährung

Warnung vor Schokolade

Schokolade enthält Theobromin, das für Hund und Katze lebensgefährlich sein kann. Ein paar Riegel dunkle Schokolade können einen kleineren Hund töten.

ist eventuell ein zusätzliches Vitaminpräparat nötig. Halten Sie sich hier allerdings genau an die vom Tierarzt oder in der Packungsbeilage angegebene Dosierung, denn selbst Vitamine können überdosiert schaden.

Schönheit kommt von innen

Der Speiseplan Ihres Hundes ist auch für ein glänzendes Fell und eine gesunde Haut verantwortlich, schließlich kommt Schönheit bekanntlich von innen. Eine große Rolle spielen dabei die Vitamine A und E sowie Zink, außerdem essentielle Fettsäuren wie Omega-3 und Omega-6. Um einem Mangel vorzubeugen, der sich in stumpfem Fell, Schuppen, Haarausfall, Juckreiz, fettiger Haut und Infektanfälligkeit äußert, geben Sie ab und zu einen Löffel Maiskeim-, Sonnenblumen-, Distel- oder Pflanzenöl über das Futter. Hochwertiges Eiweiß ist ebenfalls unverzichtbar, allerdings reagieren manche Hunde allergisch auf rohes Eiweiß. Auch Hefe und Biotin verhelfen zu einer gesunden Haut und glänzendem Fell. Ab und zu ein rohes, frisches Eigelb ist ebenfalls gut für Haut und Haare, denn es enthält viele Spurenelemente und Vitamine. Die zerriebene Eierschale versorgt Ihren Husky dagegen mit natürlichem Calcium.

Nordische Hunde lieben Fisch, insbesondere Salzwasserfische. Um Ihren sibirischen Vierbeiner zu verwöhnen, gönnen Sie ihm hin und wieder abgekochten Fisch. Im Handel gibt es außerdem Fertigfuttersorten, die auf Lachsbasis aufgebaut sind; auch diese sind bei Schlittenhunden sehr begehrt.

Hat Ihr Husky ein wenig zugelegt, bauen Sie die überschüssigen Pfunde lieber mit einem ausgewogenen, aber kalorienarmen Diätfutter ab als mit einer Kürzung der normalen Futtermenge.

Achten Sie stets auf saubere Hundenäpfe und täglich frisches Wasser.

Selbst gebackene Hundeleckerli

Fischstäbchen
Sie brauchen dafür folgende Zutaten:

1 Dose Thunfisch (im eigenen Saft)
6 EL Haferflocken
2 Eier
2 EL Semmelbrösel
2 EL gehackte Petersilie

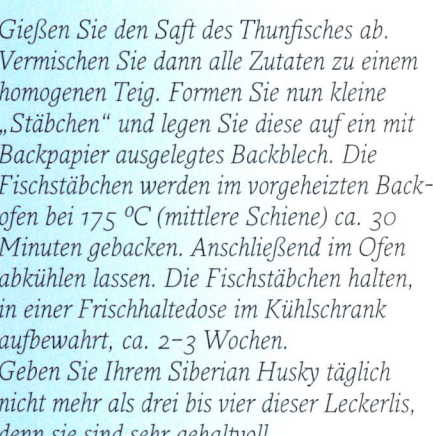

Gießen Sie den Saft des Thunfisches ab. Vermischen Sie dann alle Zutaten zu einem homogenen Teig. Formen Sie nun kleine „Stäbchen" und legen Sie diese auf ein mit Backpapier ausgelegtes Backblech. Die Fischstäbchen werden im vorgeheizten Backofen bei 175 °C (mittlere Schiene) ca. 30 Minuten gebacken. Anschließend im Ofen abkühlen lassen. Die Fischstäbchen halten, in einer Frischhaltedose im Kühlschrank aufbewahrt, ca. 2–3 Wochen.
Geben Sie Ihrem Siberian Husky täglich nicht mehr als drei bis vier dieser Leckerlis, denn sie sind sehr gehaltvoll.

EXTRA
Elf goldene Futterregeln

🐾 Die Menge macht's
Ein Husky weiß nicht von selbst, wie viel Futter er braucht. Bieten Sie Ihrem Vierbeiner daher auf keinen Fall unbegrenzt Futter an. Bei Fertignahrung finden Sie grobe Richtwerte zu den Mengenangaben auf der Futterpackung. Überprüfen Sie aber immer auch an Ihrem Hund, ob diese Menge angemessen ist, denn häufig wird zu viel Futter angegeben. Kochen Sie selbst, fragen Sie Ihren Tierarzt

nach der angemessenen Portionsgröße für Ihren Hund. Heikle Tiere werden zum besseren Fressen animiert, wenn ihnen das Futter nur eine begrenzte Zeit (ca. 10–15 Min.) zur Verfügung steht.

🐾 Feste Zeiten einhalten
Feste Fütterungszeiten sind wichtig, um den Stoffwechsel des Hundes nicht unnötig durcheinanderzubringen. Füttern Sie daher also nicht wahllos, wenn Sie gerade Zeit haben. Ein ausgewachsener Hund sollte ein- besser noch zweimal täglich seine Mahlzeit bekommen.

🐾 Vorsicht mit Kaltem
Gerade im Sommer ist es wichtig, frisches Hundefutter im Kühlschrank aufzubewahren, damit es nicht verdirbt. Verfüttern Sie es allerdings nur zimmerwarm. Zu kaltes Futter kann Verdauungsprobleme hervorrufen. Außerdem entfaltet Frisch- und Nassfutter seinen vollen Geschmack erst bei Zimmertemperatur. Muss es doch einmal schnell gehen, erwärmen Sie das Fressen kurz im Kochtopf, Wasserbad oder in der Mikrowelle.

🐾 Abwechslung ist Trumpf
Auch Hunde sind Feinschmecker und lieben Abwechslung. Die große Auswahl an Fertigfutter macht es Ihnen hier leicht. Bereichern Sie den Speiseplan zusätzlich hin und wieder mit Äpfeln, Karotten, Quark, Hüttenkäse, Nudeln, Reis oder Kräutern. Beachten Sie bei der Fütterung auch das Alter, den Gesundheitszustand und die Auslastung Ihres Vierbeiners. Inzwischen gibt es für alle Ansprüche speziell zusammengesetzte Nahrung.

🐾 Langsame Futterumstellung
Führen Sie Futterumstellungen nur langsam und schrittweise durch, damit sich der Verdauungstrakt Ihres Hundes an die neue Nahrung gewöhnen kann.

👣 Es muss nicht immer Fleisch sein

Wölfe nehmen mit dem Darminhalt ihrer Beutetiere immer auch wichtige pflanzliche Nahrung auf. Daher ist es falsch, anzunehmen Hunde seien reine Fleischfresser. Für eine ausgewogene Ernährung benötigen sie einen gewissen Anteil an pflanzlicher Nahrung. In Fertigfutter wurde dies bereits bei der Zusammensetzung berücksichtigt. Kochen Sie selbst, mischen Sie das Fleisch am besten mit Nudeln, Reis, Gemüse oder speziellen Hundeflocken.

👣 Betteln ist tabu

Fallen Sie nicht auf den treuen Blick Ihres Vierbeiners rein, Sie tun ihm damit nichts Gutes. Erstens erziehen Sie ihn so erst zum Betteln und zweitens bekommt Ihr Hund auf diese Weise auch schnell mal etwas Süßes, das sehr schädlich für ihn ist. Belohnen Sie ihn nur mit speziellen Hundeleckerlis.

👣 Keine Reste vom Tisch

Geben Sie Ihrem Husky nie Reste Ihrer eigenen Mahlzeit. Ihr Hund darf hier auf keinen Fall vermenschlicht werden, denn er hat ganz andere Ernährungsansprüche als Sie. Unsere stark gewürzten Speisen führen bei Vierbeinern schnell zu schweren Gesundheitsstörungen. Füttern Sie nur spezielles und ausgewogenes Hundefutter.

👣 Finger weg von Milch

Natürlich ist Milch auch bei Hunden beliebt. Viele Tiere bekommen davon jedoch Verdauungsstörungen. Daher gilt: Keine Milch, sondern täglich frisches Wasser als Getränk anbieten.

👣👣 Kein rohes Schweinefleisch

Füttern Sie kein rohes Schweinefleisch, denn dadurch kann sich Ihr Hund mit der lebensbedrohlichen Aujeszkyschen Krankheit infizieren. Die Symptome sind ähnlich wie bei der Tollwut, daher wird die Krankheit auch „Pseudowut" genannt. Schweinefleisch darf nur gut durchgekocht verfüttert werden. Rohes Rindfleisch ist dagegen unbedenklich.

👣👣 Nach dem Essen sollst du ruhen

Füttern Sie Ihren Husky immer erst nach einem Spaziergang. Rennen und Toben mit vollem Magen ist tabu: schnell kommt es zu Verdauungsstörungen bis hin zur lebensgefährlichen Magendrehung.

Hundeausstellungen sind eine interessante Veranstaltung. Hier sind Informationen aus erster Hand zu bekommen.

Ausstellungen

Für alle Rassehundefreunde sind Hundeausstellungen eine interessante Plattform. Bereits vor dem Kauf eines Vierbeiners können Sie sich hier genau über eine bestimmte Rasse informieren, denn Sie sehen nicht nur etliche Vertreter live, sondern haben auch die Möglichkeit, mit Haltern und Zuchtvereinen in Kontakt zu treten und auf diese Weise Erfahrungsberichte aus erster Hand zu bekommen. Bei den Ausstellungen selbst geht es um die genaue Überprüfung und Bewertung der Hunde hinsichtlich des vorgeschriebenen Rassestandards und der durch den betreuenden Verein festgelegten Zuchtkriterien. Für einige Hundehalter ist die Teilnahme an einer Ausstellung nur Spaß. Sie möchten solch eine Veranstaltung einfach einmal mitmachen, um rein interessehalber zu hören, wie Ihr Vierbeiner von einem professionellen Richter beurteilt wird. Vielleicht wurden sie sogar vom Züchter Ihres Hundes dazu überredet, schließlich ist es für den Züchter selbst wichtig und interessant zu sehen, wo sein Nachwuchs und somit auch seine Zuchtlinie steht. Ein Großteil der Aussteller ist bereits in das Zuchtgeschehen involviert: Es sind langjährige und zukünftige Züchter, aber auch Deckrüdenbesitzer, die ihre Vierbeiner über die Teilnahme an Ausstellungen bekannter machen möchten.

Die Atmosphäre auf einer Hundeausstellung ist eine ganz Besondere. Das Sehen und Gesehenwerden steht in jedem Fall im Vordergrund. Die Einteilung der Hunde erfolgt in verschiedene Klassen, getrennt nach Geschlechtern. Bei der abschließenden Bewertung werden bestimmte Formwertnoten vergeben (siehe Kasten Seite 82).

Dabeisein ist alles

Möchten Sie auch einmal mit Ihrem Husky im Ring stehen, sei es aus reinem Vergnügen oder weil sie mit ihm züchten möchten, ist ein gutes Sozialverhalten Ihres Hundes Pflicht.

Außerdem ist eine ordentliche Leinenführigkeit schon die halbe Miete einer gelungenen Präsentation. Bei der anschließenden Einzelbewertung erfolgt die genaue Begutachtung Ihres Hundes durch den Richter: Dieser prüft neben dem Gangwerk das Stockmaß, die genauen Proportionen, Besonderheiten des Standards und die Zähne. Dieses Beurteilungsritual sollten Sie schon vorab üben, damit sich Ihr Husky auch von fremden Menschen ins Maul sehen und natürlich überhaupt berühren lässt. Der Umgang und das korrekte Vorführen des Hundes fließen in die Bewertung mit ein; so erkennen die Richter genau, wer mit seinem Vierbeiner das optimale Präsentieren trainiert hat. Nicht selten wird ein Ausstellungsneuling darauf hingewiesen, dass seine Führfehler der Grund für eine schlechtere Bewertung des Hundes sind, im Vierbeiner jedoch mehr Potenzial steckt.

Eine gute und umfassende Vorbereitung für eine Zuchtschau bekommen Sie durch ein professionelles Ringtraining, das von manchen Hundevereinen oder auch Züchtern angeboten wird. Für die Teilnahme an einer Zuchtschau sollten Sie sich aber nicht nur im Vorfeld Zeit nehmen, auch die Ausstellung selbst dauert meist einen ganzen Tag, wobei Sie die meiste Zeit sicherlich mit Warten verbringen. Wie die Hunde selbst das Ausstellungsgeschehen aufnehmen, ist unterschiedlich. Einige scheinen sichtlich Spaß am Präsentieren und Posieren zu haben. Bei anderen Gespannen ist der Spaß am Gesehenwerden eher auf den Zweibeiner

Die meiste Zeit verbringen Aussteller und Hunde mit Warten.

begrenzt, der Vierbeiner hingegen würde den Tag sicherlich lieber tobend im Freien verbringen. Eine gewisse Nervenstärke muss ein Husky für eine Ausstellung in jedem Fall mitbringen, damit ihn die Menschen- und Hundeansammlung auf engstem Raum nicht unnötig stressen.

Die meisten Hunde würden die Zeit bestimmt lieber mit Toben verbringen statt sich zu Präsentieren.

Bitte beachten Sie ...

Kranke Vierbeiner sind von Zuchtschauen ausgeschlossen. Vor der Ausstellung müssen Sie die FCI-Ahnentafel und den Impfpass mit einer gültigen Tollwutimpfung Ihres Siberian Huskys vorlegen.

So funktioniert's

Rassen- und Klasseneinteilung

Der Husky wurde von der FCI (Fédération Cynologique Internationale) in die Gruppe 5 Spitze und Hunde vom Urtyp, Sektion 1 Nordische Schlittenhunde, ohne Arbeitsprüfung eingeteilt.

Als Startklassen gibt es.
Jüngstenklasse (6–9 Monate)
Jugendklasse (9–18 Monate)
Zwischenklasse (15–24 Monate)
Offene Klasse (ab 15 Monate)
Veteranenklasse (ab 8 Jahre)
Championklasse (ab 15 Monate für Champions und Gewinner bestimmter Titel)
Ehrenklasse (startberechtigt nur mit dem FCI-Titel „Internationaler Schönheitschampion")

Formwertnoten

Vorzüglich (V)
Sehr gut (SG)
Gut (G)
Genügend (Ggd)
Disqualifiziert (Disq)
Die vier besten Hunde einer Klasse werden platziert, sofern sie mindestens die Formwertnote „Sehr gut" erhaiten haben.

Eine Zuchtgruppe umfasst mindestens drei, am selben Tag in der Einzelwertung jeweils mit „Gut" bewertete Hunde einer Rasse aus demselben Zwinger.

Beurteilungen in der Jüngstenklasse

viel versprechend (vv)
versprechend (v)
wenig versprechend (wv)

Weitere Wettbewerbe

Zuchtgruppe: Sie besteht aus mindestens drei Hunden einer Rasse aus demselben Zwinger; die Hunde müssen am Tag der Ausstellung in der Einzelbewertung mindestens den Formwert „Gut" bekommen haben.
Paarklasse: Sie besteht aus jeweils einem Rüden und einer Hündin, die Eigentum eines Ausstellers sein müssen.
Juniorhandling: Dies ist ein Vorführwettbewerb für Jugendliche, der als Vorbereitung gedacht ist, Hunde auch später im Ausstellungsring zu präsentieren.
Veteranen-Wettbewerb: Hier können Hunde ab dem 8. Lebensjahr starten; es wird nach den Vorgaben des Standards besonders die Gesamtkonstitution, der Pflegezustand des Vierbeiners sowie die im Ring gezeigte Kondition beurteilt.

Der Husky wurde von der FCI in die Gruppe 5, Spitze und Hunde vom Urtyp, eingeteilt.

Freizeitpartner Hund
Begleiter in Freizeit und Alltag

Der Siberian Husky ist ein toller Freizeitpartner für sportliche Outdoorfans.

Anführer eines Schlittenhundegespannes ist der Leithund. Er und die anderen Hunde werden nur durch Zurufe des Mushers gesteuert.

Für ein soziales Tier wie einen Hund ist Dabeisein alles. Daher gibt es für ihn nichts Schöneres, als seine Leute so oft wie möglich zu begleiten. Mit einem wohlerzogenen Husky können Sie sich eigentlich überall sehen lassen. Ein gewisser Grundgehorsam und eine gute Sozialisation des Vierbeiners sind also schon die halbe Miete für entspannte Freizeitaktivitäten und einen abwechslungsreichen Alltag.

Der Husky als Schlittenhund

In Europa erfreut sich der Schlittenhundesport immer größerer Beliebtheit. Auch Touristen können inzwischen vielerorts Trekkingtouren mit einem Hundeschlitten buchen. Für den reinen Familienhusky ist der Rennsport eine tolle Auslastung – immerhin gilt es, seinem enormen Bewegungsdrang optimal gerecht zu werden. Hier gibt es verschiedene Möglichkeiten, je nachdem, wie viele Hunde man hält. Denn grundsätzlich kann auch nur ein einzelner Husky eingespannt werden – wie beispielsweise beim Skandinavier, Skijöring oder S-Velo. Der Aufbau und die Zusammenstellung eines harmonischen Gespannes mit mehreren Huskys ist alles andere als einfach und erfordert oft einen enormen Aufwand. Nicht nur die passenden Hunde, auch deren optimale Ernährung, die entsprechende Ausrüstung sowie ein regelmäßiges und verantwortungsbewusstes Training spielen hierbei eine große Rolle. Einen besonderen Stellenwert innerhalb eines Gespannes nimmt der Leithund ein. Er muss echte Führungsqualitäten zeigen, gibt den anderen Vierbeinern Tempo und Richtung an. Außerdem soll er sein Team an anderen Hunden oder verlockenden Wildfährten vorbeiführen, ohne sich selbst davon irritieren zu lassen. Gesteuert wird das Gespann nur durch Zurufe des Mushers.

Das Training erfolgt das ganze Jahr hindurch, einzige Voraussetzung: Temperaturen unter 15 °C. In der schneelosen Zeit trainieren die Musher mit speziellen Wagen. Nach und nach steigert sich hier die Strecke von etwa 4 km auf bis zu 16 km bei großen Gespannen. Die Positionierung der einzelnen Hunde innerhalb des Teams erfordert sehr viel Geduld und Fingerspitzengefühl. Die fähigsten Vierbeiner werden wiederum zu Leithunden ausgebildet. Wenn die Temperaturen im Herbst unter -5 °C sinken, beginnt die wettkampfmäßige

Das Training der Hunde findet das ganze Jahr statt: in der schneefreien Zeit vor einem Wagen und im Winter vor dem Schlitten.

Begleiter in Freizeit und Alltag

Der Skandinaviersport kann mit ein, zwei oder auch mit drei Hunden ausgeführt werden.

Rennsaison. Liegt noch kein Schnee, spannen die Musher die Hunde vor den Trainingswagen. Diese Wagenrennen fließen allerdings nicht mit in die Meisterschaftswertungen ein. Sobald die Strecken schneebedeckt sind, beginnen die Schlittenrennen.

Skandinavier und Skijöring

Halten Sie nur einen einzelnen Husky, brauchen Sie deshalb keinesfalls auf den Zugsport zu verzichten, denn selbst für diesen Fall gibt es diverse Möglichkeiten, einen Schlittenhund rassegerecht auszulasten. Der Skandinaviersport gilt als äußerst anspruchsvoll. Hier zieht der Hund eine so genannte Pulka (= eine flache Fiberglaswanne), die mit Gewichten beladen ist. Der Vierbeiner läuft zwischen zwei Zugstangen. Der Musher ist über eine an der Pulka befestigten Leine mit seinem Hund verbunden und läuft auf Langlaufskiern dem Hund hinterher. Für die schneefreie Zeit gibt es spezielle Rollpulkas; der Hundeführer joggt dann. Vor eine Pulka können auch zwei oder drei Hunde gespannt werden. Für einen solchen Fall ist allerdings

---

Die richtige Ausrüstung

Der Schlittenhundesport ist kein preiswertes Hobby. Ein guter Schlitten kostet mindestens 1000.- €. Hier gibt es zwei verschiedene Modelle: den relativ kurzen Rennschlitten und den Tobogan. Die Schlitten selbst bestehen entweder aus Eschenholz oder aus einem Carbon-Aluminium-Gemisch. Einen Trainingswagen gibt es nicht unter 1500.- €. Schlitten und Wagen müssen jeweils mit einem Transportsack versehen sein. Auch eine geeignete Pulka aus Fiberglas ist nicht billig. Außerdem benötigt ein Musher ein Auto mit Allradantrieb inklusive Transporter für seine Vierbeiner. Eventuell ist sogar ein Wohnwagen nötig, der als vorübergehende Unterkunft für die Musherfamilie am Wettkampfort dient. Zudem muss für jeden Hund ein eigenes Geschirr aus Schlauchband und Neopren angepasst werden. Ein optimaler Sitz ist sehr wichtig, um Scheuern und andere Verletzungen zu verhindern. Vor dem Schlitten und untereinander sind die Vierbeiner mit einer speziellen Zugleine verbunden.

Die richtige Ausrüstung für den Schlittenhundesport ist nicht billig.

Impressionen eines Renntages.

eine zusätzliche Bremsvorrichtung am Gefährt nötig.
Beim Skijöring ist der Musher auf Langlaufskiern ebenfalls durch eine Leine, aber ohne Pulka, direkt mit dem Hund verbunden.
Für beide Disziplinen sind ein guter Gehorsam der Huskys und eine optimale Kondition von Zwei- und Vierbeinern sowie eine perfekte Langlauftechnik absolute Pflicht. Die Hunde arbeiten stets in einem speziellen Laufgeschirr.

Schlittenhunderennen als Wettkampfsport
Jede Veranstaltung dauert zwei Tage, Europa- und Weltmeisterschaften finden an drei Wettkampftagen statt. Je nach Anzahl und Rasse der eingespannten Hunde gibt es unterschiedliche Startklassen. Über die Startreihenfolge des ersten Tages entscheidet das Los; am zweiten Wettkampftag beginnt jeweils der Schnellste seiner Klasse. Gestartet wird meist im Zweiminutentakt. Das Überholen eines Gespannes ist erlaubt und spornt die eigenen Vierbeiner zusätzlich an. Für Europa- und Weltmeisterschaften müssen sich die Gespanne in diversen vorherigen Rennen qualifizieren. Neben einer guten Zeit, zählen außerdem die harmonische Zusammenarbeit eines Teams.
Die Streckenlängen sind ganz unterschiedlich. Am häufigsten gibt es Sprintrennen, weil sie wegen ihrer geringeren Distanz auch weniger Trainingsaufwand erfordern. Herbstliche Wagenrennen haben dabei eine Länge von 5–7 km, während die winterlichen Sprint-Schlittenrennen 10–20 km lang sind. Die wesentlich härteren Distance-Rennen können eine durchschnittliche Streckenlänge von bis zu 40 km haben. Sie finden ausschließlich im Schnee statt.
Bei allen Rennen steht das Wohl der Tiere immer an erster Stelle. Auch ein Tierarzt ist stets vor Ort und greift sofort helfend ein, wenn Not am Mann bzw. Hund ist. Vierbeiner, die sich unterwegs verletzen, werden den Rest der Strecke im Schlittensack transportiert und im Ziel sofort dem Tierarzt übergeben.
Mehr Informationen über den Schlittenhundesport erhalten Sie über den Verein Schlittenhundesport Deutschland e. V. unter www.huskynet.de

Hundesport

Generell ist es nicht ratsam, einen Schlittenhund nur für den Hundesport anzuschaffen. Durch sein angeborenes selbstständiges Wesen hat der nordische Vierbeiner seinen eigenen Willen. Deshalb ignoriert er manche Befehle einfach, da er keine Notwendigkeit in deren Ausführungen sieht.
Steht für Sie aber in erster Linie die Freizeitbeschäftigung und der Spaß im Vordergrund, gibt es weitere Möglichkeiten den intelligenten Vierbeiner neben dem Einsatz vor dem Schlitten zu fordern. Es existieren inzwischen ganz

Obwohl der Husky sehr viel Beschäftigung braucht, ist er nicht unbedingt für Breitensport auf einem Hundeplatz geeignet.

Bitte beachten Sie ...

Nicht jeder Hund ist für jede Sportart zu begeistern. Suchen Sie die Beschäftigung mit Ihrem Siberian Husky nach seiner individuellen Vorliebe, seinem Gesundheitszustand und seiner allgemeinen Fitness aus. Nehmen Sie auch Wettkampfsport nicht allzu ernst: Drill und übertriebener Ehrgeiz haben hier nichts zu suchen. Der Spaß soll bei diesem Teamwork immer an erster Stelle stehen. Betrachten Sie Trainer ebenfalls unter diesem Gesichtspunkt: nehmen Sie Abstand von strengen, autoritären Unterrichtsmethoden. Humorvolle Motivationen sind das A und O einer optimalen Vertrauensbeziehung zwischen Ihnen und Ihrem Siberian Husky. Nur so macht Ihrem Vierbeiner die Zusammenarbeit mit Ihnen Spaß und nur so ist sie Erfolg versprechend. Hundesportplätze und -vereine in Ihrer Nähe finden Sie über das Internet. Auch Tierschutzvereine, Tierärzte, Zoogeschäfte oder andere Hundebesitzer in Ihrer Umgebung sind geeignete Ansprechpartner auf der Suche nach einer passenden Trainingsmöglichkeit. Bevor Sie sich endgültig für einen Hundeplatz entscheiden, ist ein mehrmaliges Zuschauen vorab sowie Gespräche mit Trainern und Teilnehmern empfehlenswert. Haben Sie die Möglichkeit, sehen Sie sich am besten gleich mehrere Übungsplätze näher an. Ebenfalls hilfreich für die Entscheidungsfindung ist die Teilnahme an einer Probestunde. Wichtig ist, dass die Kursleiter individuell auf jede Hundepersönlichkeit eingehen.

unterschiedliche Sportarten, die auf vielen Hundeplätzen angeboten werden. Auch im Wettkampfsport soll für alle Beteiligten stets der Spaß im Vordergrund stehen. Die intensive Beschäftigung miteinander schweißt Herr und Hund schnell zu einem unzertrennlichen Dream-Team zusammen.

Sportbegleiter Husky

Sportliche Menschen können Ihren Sport ohne Weiteres mit der Anwesenheit Ihres Hundes verbinden. Vierbeinige Bewegungsfetischisten wie der Siberian Husky, freuen sich über eine Fahrradtour genauso wie Herrchen und Frauchen, die sich in ihrer Freizeit körperlich fit halten wollen. Grundvoraussetzung für die ungefährliche Mitnahme eines Hundes am Rad ist natürlich ein gewisser Gehorsam: Das sichere Herkommen auf Zuruf, gute Leinenführigkeit und einwandfreies Bei-Fuß-Gehen sind ein absolutes Muss für einen ungefährlichen Radausflug mit Ihrem Husky. Führen Sie einen ungeübten Hund langsam an das Laufen neben dem Fahrrad heran, denn auch er muss erst allmählich seine Kondition aufbauen. Bremsen Sie einen zu überschwänglichen Vierbeiner unbedingt ein, er könnte sich leicht selbst überschätzen, schließlich ist eine Radtour für den Hund deutlich anstrengender als für den Radler. Meiden Sie außerdem große Hitze und führen sie immer Wasser mit sich. Halten Sie Ihren rennenden Kamerad vom Fahrrad aus an der Leine, wickeln Sie die Leine aus Sicherheitsgründen nie um den Lenker,

Begleiter in Freizeit und Alltag

Ein Husky hat großen Spaß daran, Sie beim Radfahren zu begleiten, allerdings müssen beide Seiten hier erst einmal ein optimales Zusammenspiel üben.

Viel Spaß am laufenden Band
Die Renner unter den Outdoorsportarten sind nach wie vor **Joggen**, **Walken** und **Nordic Walking**. Wie immer gilt für Mensch und Hund: geteiltes Vergnügen ist doppelte Freude. Meist wird für einen Husky aufgrund seines enormen Jagdtriebs Leinenzwang herrschen. Damit der Jogger die Hände frei hat, hält der Fachhandel inzwischen spezielle Jogging-Leinen und -Gürtel bereit; in Letzteren wird die Leine einfach eingehängt. Natürlich muss Ihr Husky so gut erzogen sein, dass er nicht ungestüm an der Leine zieht. Planen Sie eine größere Runde mit Pause, vergessen Sie etwas Wasser für Ihren Vierbeiner nicht. Lassen Sie ihn allerdings nicht zu viel davon trinken, damit er durch das Rennen mit vollem Bauch keine Magendrehung bekommt.

sondern nehmen Sie diese so in die Hand, dass Sie im Notfall schnell loslassen können. Eine Alternative besteht im Springerbügel: Hier haben Sie die Hände frei und am Lenker, während Ihr Husky mit einem Kurzführer an einem gefederten Halter am Rad befestigt ist. Eine Sicherheitsvorrichtung sorgt dafür, dass sich die Leine samt Hund im Notfall vom Rad löst und Sie so nicht gefährdet. Sie als Radler sollten bei einer Fahrradtour immer einen geeigneten Helm tragen.

Tipp!
Ausdauersportarten, bei denen der Hund länger läuft, sind nur für absolut gesunde, normalgewichtige und nicht zu alte Hunde geeignet. Auch junge Vierbeiner müssen mit Rücksicht auf ihren noch instabilen, weichen Bewegungsapparat geschont werden: Gewöhnen Sie Ihren bellenden Begleiter erst ab einem Alter von etwa 1,5 Jahren langsam an längere Strecken. Wärmen Sie Ihren Hund vor jeder sportlichen Aktivität gut auf, um Schäden am Skelett vorzubeugen.

Auch beim Joggen ist der lauffreudige Husky ein idealer Begleiter. Am besten binden Sie sich hierfür die Leine um den Bauch.

Canicross – ein schneller Sport für Freaks

Hinter der Bezeichnung Canicross verbirgt sich ein wettkampfmäßiger Jogginglauf, bei dem der Läufer mittels Bauchgurt und einer elastischen Leine mit seinem Hund verbunden ist. Der Vierbeiner, der ein spezielles Geschirr trägt, muss sich immer vor dem Läufer befinden und bestimmt die Geschwindigkeit des Gespanns. Canicross entstand in den 1980er-Jahren im französischsprachigen Raum. Auch ein Anspannen des Hundes vor ein Mountainbike oder einen Roller ist möglich. Man spricht dann von Canicyclocross, Bike-, Fahrrad- oder Velojöring.

Um Ihren Hund vor einer lebensgefährlichen Magendrehung zu schützen, sollten Sie ihn nie vor dem Sport, einem Spaziergang oder dem Spiel mit Artgenossen füttern.

Beim Canicross ist der Läufer mittels Bauchgurt und elastischen Leine mit dem Hund verbunden.

Inlineskaten mit dem Husky

Nicht weniger sportlich geht's beim Inlineskaten zu. Damit dieser schnelle Sport mit Ihrem Husky jedoch nicht gefährlich wird, sollten Sie sich erst gemeinsam auf die „Piste" wagen, wenn Sie ein wirklich sicherer Skater sind und Ihr Vierbeiner absolut zuverlässig gehorcht. Außerdem ist diese Sportart nur für gut trainierte Hunde geeignet, da der Skater sehr schnell ein relativ hohes Tempo erreicht, dem der Vierbeiner dann standhalten muss. Respektieren Sie unbedingt die Grenzen Ihres Huskys. Ein Sprint zwischendurch ist erlaubt, aber fahren Sie nicht ständig am (Tempo-)Limit. Neben einer speziellen Skaterausrüstung für den Zweibeiner ist für den Hund eine elastische Leine sowie ein Geschirr empfehlenswert.

Keinen Sport mit vollem Bauch

Wegen der Gefahr einer Magendrehung darf ein Hund grundsätzlich vor sportlichen Aktivitäten nichts zu fressen bekommen. Füttern Sie ihn auch nicht unmittelbar danach, sondern erst nach einer ca. 20-minütige Erholungspause: eine große, gierig verschlungene Portion kann zusätzlich Kreislauf belastend sein und schwer im Magen liegen.

Probier's mal mit Gemütlichkeit

Sind Sie kein Freund von flotten Sportarten, probieren Sie es mal mit einer ruhigeren Wanderung. Da jedoch auch hier von Zwei- und Vierbeinern Ausdauer gefragt ist, müssen Sie das Training hier wieder erst langsam aufbauen. Packen Sie für längere Touren neben einer

Begleiter in Freizeit und Alltag

eigenen Brotzeit auch Trinkwasser und, je nach Dauer, eine kleine Futterration sowie einen Napf für Ihren Husky ein. Vergessen Sie außerdem ein Erste-Hilfe-Notfallset nicht. Längere Bergtouren bedürfen einer größeren Vorbereitung; sicheres Kartenlesen ist dabei schon eine wichtige Grundvoraussetzung. Klären Sie bei Mehrtagestouren unbedingt vorab, ob Ihr Vierbeiner auch in Hütten übernachten darf.

Wer es gerne ruhiger mag, kann das Zusammensein mit seinem Vierbeiner bei einer gemütlichen Wanderung genießen.

Tipp!

Erste Hilfe bei Muskelkater: vorbeugend gleich nach der Anstrengung 1 Tablette Rhus toxicodendron D30 oder im Akutfall 2 x tgl. 1 Tablette. Zusätzlich ist eine Einreibung mit Bach-Rescue-Salbe möglich.
Suchen Sie bei schwereren oder länger anhaltenden Beschwerden unbedingt den Tierarzt auf.

Rund ums Spielen

Warum Spielen so wichtig ist

Jedes junge Tier spielt gerne, denn Spielen macht Spaß, aber nicht nur das: Im Spiel lernt ein Vierbeiner fürs Leben und zwar sein Leben lang. Schon Welpen lernen spielerisch ihre Umwelt kennen, lernen aus guten und schlechten Erfahrungen. Aber auch die Rangordnung innerhalb des Hunderudels und später innerhalb der Familie wird spielerisch ausgetestet. Das Spiel mit Artgenossen legt für Welpen den Grundstein zu einem normal entwickelten, ausgeglichenen Sozialverhalten. Spielen ist aber nicht nur für junge Hunde wichtig. Im Grunde kann ein Vierbeiner bis ins hohe Alter spielerisch lernen. Erwachsene Hunde testen untereinander ebenfalls immer wieder im Spiel ihre Rangordnung aus.

Sehr selbstbewusste Tiere versuchen oft innerhalb ihrer Familie durch schelmische Tricks ihre Grenzen und ihren Stand in der Familie auszuloten. Lassen Sie sich hiervor nicht einwickeln, sonst haben Sie schnell verspielt. Auch veränderte Lebensbedingungen oder unbekannte Gegenstände werden noch von er-

Spielen ist schon für junge Hunde wichtig, um nützliche Lernerfahrungen zu machen.

Auch erwachsene Vierbeiner spielen noch gerne.

wachsenen Hunden spielerisch erforscht. Häufiges Spielen schult außerdem das Gehirn des Vierbeiners. So belegen Studien, dass Hunde, die in ihrer Welpenzeit kaum Eindrücke sammeln konnten, ihr Leben lang weniger aufnahmefähig sind als Artgenossen, die zwar von den Erbanlagen her nicht so intelligent sind, dafür aber mehr gefördert wurden. Vierbeiner, denen mehr geboten wird, können sich auch nachweislich besser konzentrieren. Junge Hunde erfahren durch ausgelassenes Toben nach Erziehungseinheiten eine tolle Belohnung. Sie dürfen nun ihren, durch die Anspannung des Lernens aufgestauten Energien so richtig freien Lauf lassen und entspannen sich somit wieder. Gehen Sie die Erziehung Ihres Huskys spielerisch an, wirkt dies sehr motivierend auf den Vierbeiner, denn der Spaß kommt dabei nie zu kurz. Außerdem entwickelt sich ein intensives Vertrauensverhältnis zwischen Ihnen und Ihrem Hund. Regelmäßige Spielstunden schweißen Sie und Ihren Husky zu einem richtigen Dream-Team zusammen. Auf diese Weise bleibt Ihr wedelnder Kamerad auch im Alter lange körperlich und geistig fit. Schüchterne Vertreter gelangen durch einfache Spiele, die Erfolge bringen, zu einem neuen, gestärkten Selbstbewusstsein. Spielen ist für Hunde jeden Alters also in den unterschiedlichsten Bereichen wie ein Lebenselixier, ohne das sie auf Dauer physisch und psychisch verkümmern würden.

Lustige Hundespiele

Kreative Hürden Etliche Huskys haben großen Spaß am Überspringen von Hürden.

Sie bleiben stets der Chef beim Spielen, verwalten das Spielzeug und bestimmen wann, wo und wie lange gespielt wird.

10 Spielregeln für Sie und Ihren Siberian Husky

Spielen macht Spaß, allerdings nur, wenn sich alle Mitspieler an bestimmte Regeln halten. Im Zusammenspiel mit Ihrem Siberian Husky bleiben Sie jedoch immer der Chef, der auch dafür sorgt, dass Ihr cleverer Vierbeiner nicht still und heimlich Ihre Autorität untergräbt.

- Sie bestimmen Zeitpunkt und Ort.
- Sie sind der Spielzeug-Verwalter.
- Kein Tauziehen mit sehr selbstbewussten Rambos.
- Nach dem Füttern herrscht Spielverbot (Magendrehung).
- Lassen Sie Ihren Hund während des Spiels keine großen Mengen trinken (Magendrehung).
- Nicht in der größten Mittagshitze spielen.
- Auf ausreichende Ruhephasen achten.
- Belohnen Sie nicht nur mit Leckerli, sondern auch mit Stimme, Streicheln und Spielzeug.
- Sie legen das Spielende fest.
- Hören Sie auf, wenn's am Schönsten ist!

Hierfür eignet sich gut ein Besenstiel, der auf zwei auseinander gestellte Gartenstühle oder auf umgedrehte Obstkisten gelegt wird. Aus Schutz vor Verletzungen sollte die „Stange" bei einer Berührung leicht herunterfallen. Für größere Gärten ist eine alte Blech- oder Plastiktonne, die aber unbedingt gegen Wegrollen fixiert sein muss, ein interessantes Hindernis, außerdem ein fest aufgestellter, ausrangierter LKW-Reifen, der zum Durchspringen einlädt.

Unter Mithilfe einer weiteren Person, kann Ihr Husky außerdem lernen, über Ihren Rücken zu springen. Knien Sie sich zunächst auf den Boden und stützen Sie sich im 90°-Winkel mit beiden Händen vorne ab, sodass Ihr Rücken eine Art Brücke bildet. Nun lockt die zweite Person den Hund mit einem Leckerli und dem Befehl „Hopp" über Ihren Rücken. Hat Ihr intelligenter Schlittenhund erst einmal das Spiel begriffen, genügt nur noch das Kommando „Hopp" und er wird über die ihm angebotene „Hürde" springen.

Futterschleppe Binden Sie hierfür ein Stück Fleisch oder Pansen an eine Schnur und ziehen Sie damit eine Spur durch den Garten. Bauen Sie dabei auch Kurven oder Schlangenlinien ein. Führen Sie diesen Parcours an markanten Stellen wie beispielsweise Bäumen oder Büschen vorbei, damit Sie die Nasenleistung Ihres Huskys anschließend gut nachvollziehen können. Allerdings darf Ihr Hund diese Vorbereitungen nicht mitverfolgen. Dann zeigen Sie Ihrem Vierbeiner den Anfang der Spur und fordern ihn mit dem Befehl „Such" auf, ihr zu folgen. Kommt Ihr Husky von der Fährte ab, schimpfen Sie ihn nicht, sondern setzen Sie ihn erneut darauf an und motivieren Sie ihn mit eigener Begeisterung. Folgt er eifrig der Spur, loben Sie ihn ausgiebig. Ist Ihr Husky schließlich am Ende der Fährte angekommen,

Freizeitpartner Hund

Mit einer Fährte im Garten können Sie gut die Nasenleistung Ihres Huskys nachvollziehen.

> **Wichtige Auflockerung**
> *Weil das Erlernen von Kunststückchen eine sehr hohe Konzentration vom Hund verlangt, sollten Sie immer nur in kurzen Sequenzen üben. Schließen Sie stets mit einem Erfolgserlebnis ab und lockern Sie die einzelnen Lernschritte durch Pausen auf. Auch ein zwischenzeitliches Toben im Garten macht den Kopf wieder frei für die Aufnahme neuer „Befehle".*

belohnen Sie ihn mit einem Leckerli oder einem Stück Wurst.

Hunderennen Veranstalten Sie doch mal mit Gleichgesinnten ein Hunderennen, am besten auf einer eingezäunten Wiese, damit auch der jagdfreudigste Husky dabei nicht entwischen kann. Markieren Sie jeweils eine Start- und eine Ziellinie. Zudem ist für jeden Vierbeiner noch eine Hilfsperson nötig, die den Lockvogel spielt und den Hund im Ziel dann in Empfang nimmt. Als Köder ist erlaubt, was (Hund) gefällt. Selbstverständlich dürfen auch ein bis zwei Schiedsrichter nicht fehlen, die genau beobachten, wer als Erster über die Ziellinie rennt und die später die Siegerehrung vornehmen. Nun heißt es: Auf die Plätze, fertig, los! Der Gewinner bekommt je nach Vorliebe, eine besonders gute Leckerei oder ein lustiges Spielzeug.

Gefährliches Hundespielzeug!

- ☠ *Gefährlich für Hunde ist Kinderspielzeug wie Bausteine oder Stofftiere mit Glasaugen oder Knöpfen, die schnell abgerissen und gefressen sind.*
- ☠ *Alle spitzen und scharfkantigen Gegenstände sind als Hundespielzeug absolut ungeeignet; dies gilt auch für Spielzeug, in dem spitze Teile wie Nägel oder Drähte eingearbeitet sind.*
- ☠ *Ebenfalls absolut tabu sind Schnüre, dünne Nylonstrümpfe, Plastikbecher oder Luftballons.*
- ☠ *Verboten sind Äste von giftigen Sträuchern sowie lackierte Dinge.*
- ☠ *Zu schweren Verletzungen können Materialien führen, die leicht splittern oder zerbrechen, wie bestimmte Holzarten, Glas, Keramik oder manche Kunststoffteile.*

Bei all diesen Dingen drohen dem Hund nicht nur schwere Verletzungen im Maul, sondern auch im Magen-Darm-Trakt. Im schlimmsten Fall kann Ihr Vierbeiner ersticken oder einen Darmverschluss bekommen.

Begleiter in Freizeit und Alltag

Selbst gemachtes Hundespielzeug

Jute- oder Lederspielzeug lässt sich leicht selber herstellen: Nehmen Sie hierfür einen alten Jutesack, füllen sie ihn mit etwas Holzwolle und binden Sie ihn mit einem Baumwollstrick fest zu. Lederreste ergeben zusammengenäht und ausgestopft ebenfalls ein interessantes Apportel. Ein ausrangiertes T-Shirt, ein abgetrenntes Jeansbein, ein ausgedienter Strumpf oder ein altes Handtuch sind, allesamt mit einem großen Knoten versehen, tolle Schleuderspielzeuge. Leere Pizzakartons ergeben lustige Frisbee®-Scheiben für den Hausgebrauch. Ihr Hund darf diese Flugobjekte am Ende sogar nach Herzenslust zerfetzen.

Der gemeinsame Alltag

Ein gut erzogener Husky ist im Alltag ein toller Begleiter. Bestimmt freuen sich Ihre Freunde nicht nur über Ihren Besuch, sondern auch über Ihren vierbeinigen Gute-Laune-Bringer. Der gemeinsame Gang in ein Restaurant sowie das brave unter dem Tisch Liegen versteht sich für einen vierbeinigen Gentleman von selbst. Mit einem vorbildlichen Hund sind Sie ein gern gesehener Gast, der fast schon negativ auffällt, wenn er einmal ohne seinen vierbeinigen Begleiter kommt. Die mittägliche Einkehr wird Ihrem Husky mit einem wohlverdienten Schweineohr versüßt. Ein anschlie-

Ihr Hund freut sich auch über selbst gemachtes Spielzeug.

Bitte beachten Sie ...

Nicht alle Hunde sind für jedes Spiel zu begeistern. Stellen Sie fest, dass Ihr Siberian Husky keinen Spaß an einem Spiel hat, wechseln Sie lieber zu einem anderen über. Diese Spiele sollen für beide Seiten eine lustige Abwechslung im Herr-Hund-Alltag sein und nicht in Drill und Frust ausarten.

Von einem gut erzogenen Husky lässt man sich gerne begleiten.

Vielerorts gibt es Hundewiesen, auf denen gut sozialisierte Hunde ausgelassen miteinander toben können.

ßender Verdauungsspaziergang tut nicht nur Ihnen, sondern auch Ihrem Vierbeiner gut. Außerdem kann ein gut erzogener Hund Sie zum Einkaufen begleiten.

Viele Hunde sind wahre Autofetischisten, die einfach nur gerne mitfahren. Sichern Sie Ihren Husky aber unbedingt ausreichend, ansonsten kann es im Falle eines Unfalls nicht nur gefährlich, sondern auch teuer werden, denn Tiere gelten im Auto rechtlich gesehen als Ladung. Inzwischen gibt es viele Sicherungssysteme, doch leider sind nicht alle wirklich empfehlenswert. Achten Sie bei der Auswahl am besten auf vorliegende Ergebnisse von Crashtests oder DIN-Prüfungen. Auch der ADAC hat eine Liste mit Vor- und Nachteilen unterschiedlicher Sicherungseinrichtungen wie Spezialsicherheitsgurte, Trenngitter, Transportboxen & Co. herausgegeben.

Ihr Husky kann Sie selbstverständlich bei vielen weiteren Aktivitäten begleiten wie beispielsweise einem Ausflug an einen Badesee oder bei diversen Wintersportarten. Möglicherweise haben Sie auch einen hundefreundlichen Chef, der sich über einen vierbeinigen Mitarbeiter mit Aufgabenschwerpunkt „Verbesserung des Betriebsklimas" freut. Wichtig ist bei allem, dass Sie Ihren Hund ganz behutsam an die jeweils neue Situation heranführen. Sparen Sie dabei nie mit Lob. Trauen Sie ihm andererseits aber auch außerhalb Ihrer vier Wände ruhig ein ordentliches Auftreten zu. Probieren Sie es aus. Haben Sie Mut für gemeinsame Unternehmungen!

Klar, dass der vierbeinige Schneefetischist ein toller Partner bei diversen Wintersportarten ist.

Hundesitter und -tagesstätten

Sicherlich können Sie Ihren Siberian Husky nicht immer überallhin mitnehmen. Sollten Sie länger als 5 Stunden abwesend sein, ist es besser, ihn bei einem Hundesitter unterzubringen als ganz alleine zu lassen. Idealerweise finden Sie jemanden im Freundes- oder Verwandtenkreis, der Ihren Husky liebt und bei dem sich auch Ihr Hund wohlfühlt. Ist dieser Fall für Sie unrealistisch, fragen Sie andere Hundebesitzer, die Sie täglich beim Spaziergang treffen. Vielleicht kennt jemand eine hundebegeisterte Person, die selbst keinen Vierbeiner halten kann, aber hoch erfreut über gelegentlichen Hundebesuch ist. Häufig sind Tiersitter auch Tierärzten, Tierschutzvereinen, Hundeschulen, Zoofachhändlern oder ihrem Züchter bekannt. Empfehlenswert ist ebenfalls der Blick in die Kleinanzeigen Ihrer Tageszeitung oder ins Internet. Lassen Sie Ihren Husky lieber von einem Profi betreuen, wenden Sie sich an eine Hundetagesstätte. Hier sind meist mehrere Vierbeiner gleichzeitig „geparkt". Für gut sozialisierte Hunde ist dieser Aufenthalt ein großer Spaß, da sie hier viel Kontakt mit Artgenossen bekommen. Sensiblere Vertreter fühlen sich eventuell bei einem privaten Betreuer wohler, denn er kümmert sich ganz individuell ausschließlich nur um ihn.

Tagesstätten sind häufig Hundepensionen oder -hotels angegliedert. Hier ist der Aufenthalt in der Regel teurer als bei einer privaten Stelle. Andererseits können Sie in professionellen Betrieben oftmals Extras wie Erziehungstraining, Tierarztbesuche oder Wellnessprogramme buchen. Lassen Sie sich auf alle Fälle viel Zeit bei der Suche und Auswahl eines geeigneten Hundesitters. Sehen Sie sich vor Ort genau um und beobachten Sie gut, wie Mensch und Hund miteinander umgehen und aufeinander reagieren. Nur, wenn ein optimales Vertrauensverhältnis gegeben ist, werden sich beide Seiten wohlfühlen. Und nur dann können Sie beruhigt auch mal ohne Ihren Husky unterwegs sein.

Gewöhnen Sie Ihren Siberian Husky möglichst frühzeitig an die Unterbringung bei anderen Personen, dann fällt ihm später in der Regel die vorübergehende Trennung von Ihnen nicht so schwer.

Bei professionellen Hundetagesstätten sind mehrere Vierbeiner gleichzeitig untergebracht; das kann sensiblere Vertreter auch überfordern.

Urlaub

In einigen Ländern ist ein Mikrochip zur eindeutigen Identifizierung Vorschrift.

Mit dem Husky auf Reisen

Dabeisein ist für einen Husky alles, daher gibt es für ihn auch nichts Schöneres als Sie im Urlaub zu begleiten. Ein sicherer Garant für eine erholsame Reise ist in erster Linie eine gute Organisation im Vorfeld. Bedenken Sie unbedingt bei Ihrer Planung, dass sich ein Schlittenhund grundsätzlich in gemäßigtem Klima wohler fühlt, als an einem besonders heißen Urlaubsort. Möchten Sie ins Ausland fahren, sprechen Sie unbedingt vor Ihren Ferien mit Ihrem Tierarzt; er wird Sie beraten und aufklären und Ihnen alle erforderlichen Medikamente mitgeben. Vergessen Sie nicht, den auf dem Mikrochip des Hundes enthaltenen Code spätestens vor einer geplanten Reise bei einem Tierregister (siehe Seite 126) eintragen zu lassen, damit Ihr Vierbeiner im Falle eines Verschwindens schneller wiedergefunden werden kann.

Besorgen Sie rechtzeitig alle Grenzpapiere, fehlendes Reisezubehör und Hundefutter.

Haben Sie einen hundefreundlichen Urlaubsort gefunden, geht es an die Suche einer geeigneten Unterkunft. Wollen Sie ein All-Inclusive-Paket buchen, sind Sie mit einem tierfreundlichen Hotel gut beraten. Inzwischen gibt es sogar richtige Hundehotels, in denen sich Herr und Hund gleichermaßen verwöhnen lassen können. Außerdem werden Hotels mit angegliederter Hundeschule immer beliebter. Gerade Singles treffen hier viele Gleichgesinnte und knüpfen schnell Kontakte.

Lieben Sie es dagegen ruhiger, sind Sie gern flexibel und können gut auf Luxus verzichten, empfiehlt sich ein Ferienhaus oder -wohnung.

Das Lieblingsspielzeug Ihres Vierbeiners sollte natürlich im Urlaubsgepäck nicht fehlen.

Urlaub

Hier sind Sie Ihr eigener Herr und haben für sich und Ihren Husky viel Platz. Urige Camping- und Hüttenaufenthalte sowie Trekkingtouren mit Hund stellen für abenteuerlustige Outdoorfreaks eine reizvolle Alternative zum herkömmlichen Urlaub dar. Erkundigen Sie sich aber unbedingt vorab, ob Ihr Vierbeiner auch wirklich willkommen ist. Über das Internet oder das Tourismusbüro Ihres ausgewählten Ferienortes bekommen Sie entsprechende Adressen und Informationen.

Der Hunde-Fahrplan

Eine gute Organisation schließt auch die Wahl nach einem passenden Verkehrsmittel mit ein. Damit bereits die Anreise für alle Beteiligten stressfrei und entspannend wird, gibt es für die Mitnahme des vierbeinigen Lieblings je nach Land und gewähltem Verkehrsmittel einiges zu beachten. Am beliebtesten ist sicher-

Mit einem gut trainierten Gespann können Sie auch eine mehrtägige Trekkingtour unternehmen.

lich die Fahrt mit dem Auto. Ihr Husky benötigt hier unbedingt einen eigenen Platz, an dem er vorschriftsmäßig gesichert ist. Achten Sie außerdem auf ausreichend Kühlung sowie Frischluft und Wasser. Vermeiden Sie jedoch Zugluft, denn die kann zu schweren Augenentzündungen und Erkältungen führen. Regelmäßige Gassi- und Trinkpausen sind ein Muss. Halten Sie dafür immer Wasserflasche und -napf griffbereit. Damit Ihr Husky nicht mit schwerem Magen losfährt, füttern Sie ihn zuletzt maximal vier Stunden vor Reiseantritt. Führt Ihre Strecke über Bergstraßen, bieten Sie Ihrem Vierbeiner bei häufigem Gähnen oder Hecheln ein paar Leckerli oder einen Kauknochen an, damit sich der unangenehme Druck auf den Ohren löst. Planen Sie auf jeden Fall genug Zeit für die Anreise ein, eventuell sogar mit Zwischenübernachtungen. Die besten Reisezeiten sind morgens und abends,

Hunde müssen im Auto vorschriftsmäßig gesichert sein. Die Unterbringung in einer speziellen Transportbox ist eine Möglichkeit.

> **Tipp!**
>
> *Wenn Sie selbst eine kurze Pause benötigen, lassen Sie Ihren Siberian Husky an heißen Tagen nie im Auto zurück. Auch geöffnete Fenster verhindern nicht die enorme Aufheizung des Autos, das für den Vierbeiner schnell zur quälenden und tödlichen Falle werden kann.*

> **Tipp!**
>
> *In Österreich und der Schweiz gelten für die Beförderung von Hunden ähnliche Bestimmungen wie in Deutschland. Nähere Informationen erhalten Sie bei der Österreichischen Bundesbahn (ÖBB) unter* **www.oebb.at** *bzw. der Schweizer Bundesbahn (SBB) unter* **www.sbb.ch**

eventuell sogar nachts. Versuchen Sie Staugebiete zu umfahren. Geraten Sie trotzdem in einen Stau, verlassen Sie bei nächster Gelegenheit lieber die Autobahn für einen Spaziergang, bis sich der Stau wieder aufgelöst hat.

Mit der Bahn unterwegs

Für die Fahrt in einem öffentlichen Verkehrsmittel ist ein guter Benimm Ihres Huskys eine selbstverständliche Grundvoraussetzung. Auch eine gewisse Nervenstärke ist von Nöten, denn nicht nur auf dem Bahnsteig, sondern auch im Zug selber muss Ihr vierbeiniger Begleiter häufig mit Menschenmengen und großer Enge fertig werden. Unternehmen Sie vor der Abreise noch einen langen Spaziergang, damit Ihr Hund nicht nach einiger Zeit im Zug unruhig wird. Längere Aufenthalte sind für kleine Pinkelpausen nützlich. Stecken Sie für den Notfall ein Kottütchen ein. Lassen Sie Ihren Husky nie auf dem Bahnsteig frei laufen: Leicht könnte er durch das Treiben dort in Panik geraten und entwischen. In der Bahn ist ebenfalls Leinenzwang angesagt. Hunde in der Größe eines Huskys müssen einen Maulkorb tragen (außer Blindenhunde) und benötigen eine Kinderfahrkarte. Weitere Infos finden Sie im Internet unter **www.bahn.de**

Unterwegs in Bus und Taxi

In vielen Städten gibt es spezielle Tiertaxis. Auch in normalen Taxis dürfen Hunde mitfahren. Erwähnen Sie bereits bei der Bestellung, dass Sie ein Vierbeiner begleitet. Busfahren ist in manchen Städten für Hunde kostenlos, in anderen gilt der halbe Fahrpreis. Fragen Sie gleich vor Ort den Fahrer oder erkundigen Sie sich vorab beim Fremdenverkehrsbüro.

In der Bahn ist für große Hunde das Tragen eines Maulkorbes vorgeschrieben.

> **§ Rechts-Tipp**
>
> *Taxifahrer können von ihren Kunden nicht zum Transport größerer Hunde verpflichtet werden. Gemäß der geltenden Betriebsverordnung für Taxis dürfen Tiere nicht auf Sitzplätzen untergebracht werden. Auch die Fußräume zwischen den Sitzen bieten für große Hunde nicht genügend Platz, daher darf ein Taxifahrer einen Fahrauftrag aus Platzmangel ablehnen. OLG Düsseldorf*

Mehrtägige Schifffahrten und Flugreisen sind für Hunde nicht ideal, denn sie bedeuten für den Vierbeiner große Enge und viel Stress.

„Eine Seefahrt, die ist lustig ..."
Fährüberfahrten mit einer Dauer von ein bis drei Stunden stellen für Hundebesitzer kein Problem dar, weil der Vierbeiner ohne Weiteres mit an Deck darf. Allerdings kann dies auch von Land zu Land verschieden sein, erkundigen Sie sich also lieber vorab bei Ihrem Reiseveranstalter. Bei längeren Strecken sind Hunde häufig wegen fehlender Unterbringungsmöglichkeiten nicht zugelassen. Grundsätzlich gilt auf Schiffen Leinenzwang, manchmal sogar Maulkorbpflicht. Vergessen Sie nicht Ihre Hundegrundausstattung wie Napf, Wasser, eventuell etwas Futter, eine Decke sowie den Impfpass und je nach Einreiseformalität ein Gesundheitszeugnis. Kreuzfahrten sind für Hunde tabu. Einzige Ausnahme: die „Queen Elisabeth II", sie hat ein eigenes Hundedeck.

Weitere interessante Hinweise zum Thema „Urlaub mit Hund" finden Sie unter:
www.ferien-mit-hund.de

Das gehört ins Hundegepäck

- ✓ Leine und Halsband bzw. Geschirr
- ✓ Adressen-Schild fürs Halsband mit Urlaubsadresse und dem Reisezeitraum sowie der Heimatadresse
- ✓ Maulkorb
- ✓ Eventuell Transportbox
- ✓ Körbchen, Decke und Handtücher
- ✓ Spielzeug
- ✓ Frisches Trinkwasser und Näpfe
- ✓ Futter, Leckerli und Kauknochen
- ✓ Dosenöffner
- ✓ Bürste oder Striegel
- ✓ Kottütchen
- ✓ Sonnenschutz
- ✓ Reiseapotheke
- ✓ EU-Heimtierausweis/Grenzpapiere
- ✓ Versicherungsnummer und Anschrift der Haftpflichtversicherung

Flugreisen mit Hund

Vierbeiner von der Größe eines Siberian Huskys müssen in einer Transportbox im Gepäckraum des Flugzeuges untergebracht werden. Informieren Sie sich unbedingt vor der Flugbuchung bei Ihrer Fluggesellschaft über die genauen Mitnahmebedingungen. Blinden- und Behindertenbegleithunde können unabhängig von ihrer Größe bei ihrem Halter im Passagierraum bleiben.

Sprechen Sie vor einem Flug mit Ihrem Tierarzt und lassen Sie sich auf jeden Fall ein Beruhigungsmittel für Ihren Vierbeiner mitgeben, denn eine Flugreise bedeutet großen Stress für den Hund.

Vergessen Sie nicht, am Halsband oder Geschirr Ihres Huskys ein Adressenschild anzubringen.

Weitere Informationen zum Thema bekommen Sie unter **www.flughund.de**

Der Husky in der Pflegestelle

Bei manchen, besonders weit entfernten oder heißen Urlaubszielen ist es besser, auf die Mitnahme Ihres Huskys zu verzichten und ihn während Ihrer Abwesenheit zu Hause optimal unterzubringen. Auch diese Ferienvariante muss gut vorbereitet werden. So gilt es zunächst einen zuverlässigen, lieben Hundesitter oder eine kompetente Tierpension zu finden. Im Idealfall kann Ihr Husky bei Verwandten oder Freunden einquartiert werden. Häufig nimmt der Züchter seinen ehemaligen Nachwuchs gern in Pflege. Vielleicht kennt er aber auch jemanden, bei dem Ihr haariger Kamerad während Ihres Urlaubs gut aufgehoben ist.

Professionelle Hundepensionen finden Sie über das Internet, das Branchenverzeichnis, Ihren Tierarzt, Tierschutzvereine, Zoofachgeschäfte, Hundevereine, den Kleinanzeigenteil Ihrer Tageszeitung oder Tierzeitschriften. Auch andere Hundebesitzer, die Ihren Vierbeiner ebenfalls schon in einer Pension untergebracht haben, können Ihnen entsprechende

Die Reiseapotheke für Ihren Siberian Husky sollte enthalten

+ Eventuell benötigte Dauermedikamente
+ Mittel gegen Durchfall
+ Wundspray/Desinfektionsmittel
+ Augen- und Ohrentropfen
+ Floh- und Zeckenmittel
+ Zeckenzange
+ Schere
+ Fieberthermometer
+ Gaze, Verbandsmaterial
+ Pfotenschutzschuh
+ Rescue-Tropfen von Bach

Urlaub

Für die Pflegefamilie muss zusätzlich ins Hundegepäck

✓ Eventuell nötige Medikamente
✓ Ihre Urlaubsadresse bzw. Handynummer für Notfälle
✓ Telefonnummer Ihres Tierarztes
✓ Liste mit Vorlieben, Abneigungen und Eigenheiten Ihres Hundes

Tipps geben. Sogar Tierheime nehmen vorübergehende Pfleglinge auf. Die Bezahlung ist hier für einen guten Zweck, denn das Geld kommt gleichzeitig dem Tierschutz zugute. Nehmen Sie sich unbedingt Zeit für die Auswahl eines geeigneten Pflegeplatzes. Sehen Sie sich vor Ort genau um, sprechen Sie ausführlich mit der zuständigen Person und vereinbaren Sie vorab am besten mehrere Treffen, damit Ihr Husky und der vorübergehende Betreuer sich schon etwas kennenlernen. Beob-

Sehen Sie sich rechtzeitig nach einer geeigneten Pflegestelle um, in der sich Ihr Husky so richtig wohlfühlt.

achten Sie das Verhalten Ihres Vierbeiners: Fühlt er sich wohl in der neuen Umgebung? Hat er Vertrauen zu seinem möglichen Pfleger? Nehmen Sie Abstand von Hundepensionen, die nur auf Ihr Geld, nicht aber auf das Wohl Ihres Hundes aus sind. Zahlen Sie andererseits lieber mehr, wenn Ihnen der Pflegeplatz optimal erscheint. Haben Sie einen vertrauenswürdigen Hundesitter gefunden, schließen Sie mit ihm einen Vertrag ab. Sprechen Sie eventuelle Vorlieben, Abneigungen und Eigenheiten Ihres Huskys an. Informieren Sie ihn außerdem über die gewohnten Fütterungs- und Gassigehzeiten. Gehorcht Ihr Vierbeiner nicht absolut zuverlässig, bitten Sie den Pfleger, Ihren Hund beim Spaziergang nicht abzuleinen. Alle wichtigen Informationen halten Sie für den Sitter am besten schriftlich fest. Geben Sie Ihren Husky nicht erst am letzten Tag vor Ihrer Reise in der Betreuungsstelle ab, damit eventuelle Schwierigkeiten noch vor Ihrer Abfahrt geklärt werden können.

Möchten Sie in wärmere Gefilde verreisen, bringen Sie den kälteliebenden Husky lieber in einer netten Pflegestelle unter als ihn mitzunehmen.

Gesundheit

Vorsorge

Viel Bewegung an der frischen Luft stärkt das Immunsystem und ist somit eine gute Prophylaxe gegen Krankheitsanfälligkeit.

Neben einer optimalen Pflege, Ernährung und Auslastung gibt es weitere vorsorgende Maßnahmen, die zu einem langen, gesunden Hundeleben beitragen. Hierzu gehören natürlich regelmäßige Entwurmungen und Impfungen (siehe Kästen auf Seite 106 und 107). Außerdem ist ein hygienisches Umfeld wichtig: Achten Sie stets auf einen sauberen Futterplatz und gereinigte Näpfe. Waschen Sie auch das Hundebett öfters in der Maschine, damit Parasiten wie Milben oder Flöhe keine Überlebenschance haben. Suchen Sie Ihren Husky zudem von Frühjahr bis Herbst täglich nach Zecken ab, denn diese könnten Ihren Hund mit Borreliose infizieren. Vor starkem Befall schützen spezielle Präparate vom Tierarzt.

Eine bewährte Prophylaxe gegen Krankheitsanfälligkeit ist viel Bewegung an der frischen Luft bei jedem Wetter, denn auf diese Weise härten Sie Ihren Vierbeiner ab.

Manchen gesundheitlichen Schwachstellen Ihres Hundes können Sie gut mit Alternativme-

Achten Sie darauf, dass auch Ihr Garten hundesicher ist, denn damit können unnötige Verletzungen vermieden werden.

dizin begegnen und dadurch Erkrankungen vorbeugen. Hier leistet beispielsweise die Homöopathie hervorragende Dienste. So unterstützt Echinacea wirkungsvoll ein geschwächtes Immunsystem. Das Anfangsmittel bei einer beginnenden Erkältung ist Aconitum. Gelsemium oder Euphorbium können bei bereits bestehendem Schnupfen und Belladonna bei Husten helfen. Zur Verbesserung des Allgemeinbefindens wird China oder Mucosa verabreicht. Weitere wirksame Rezepte hält die Kräutermedizin parat. So tun Salbei-Tee und -Honig Ihrem Hund bei Husten gut. Auch Löwenzahn- und Spitzwegerich-Honig sind empfehlenswert. Geben Sie in der Akutphase mehrmals täglich einen Teelöffel. Anfällige, alte oder geschwächte Tiere bekommen durch Zufütterung von Vitamin-C-reichem Hagebutten- oder Holunderbeerenmus neuen Schwung. Zur allgemeinen Stärkung ist Rosmarin sehr gut geeignet. Brennnessel und Löwenzahn kurbeln den Stoffwechsel an und sorgen auf diese Weise für eine bessere Fitness.

Reiben Sie rissige Ballen mit Kamillen- oder Ringelblumensalbe ein, damit sie sich nicht

Grundsätzlich ist der Siberian Husky eine sehr robuste, wenig krankheitsanfällige und langlebige Hunderasse.

Gesundheit

Da sich Ihr Husky überall in der Natur mit Würmern infizieren kann, sind regelmäßige Wurmkuren empfohlen.

entzünden. Ebenso bewährt haben sich Johanniskraut- und Lavendelöl.
Behandeln Sie eine durch Schneefressen verursachte Magenreizung mit Kamillen-Tee; er wirkt entzündungshemmend und beruhigt die Schleimhaut. Legen Sie bei Bauchschmerzen warme, entspannende Kamillen-Umschläge auf den Hundebauch.

Physiologische Daten eines Siberian Huskys

Körpertemperatur 38 bis 39 °C (bei Welpen bis zu 39,3 °C)

Atemfrequenz 20 bis 30 Züge pro Minute

Pulsfrequenz 70 bis 100 pro Minute

Schleimhaut: rosa, feucht, glatt und glänzend, ohne Auflagerungen

Bei Stress und/oder körperlicher Belastung steigen diese Werte an

Impfungen

Damit Ihr Vierbeiner vor einigen sehr gefährlichen Infektionskrankheiten geschützt ist, sind Impfungen wichtig, die bis zur Abgabe des Welpen beim Züchter durchgeführt werden müssen. Für alle weiteren Impfungen sind Sie als neues Herrchen oder Frauchen des kleinen Knirpses verantwortlich. Zwar kann auch ein geimpfter Hund noch an den diversen Erregern erkranken, der Krankheitsverlauf selbst ist dann aber nur leicht, schließlich hatte das Immunsystem durch die Impfung vorab schon die

Möglichkeit, sich durch die Bildung von entsprechenden Antikörpern auf die Erregerbekämpfung vorzubereiten.

Folgendes Impfschema ist angeraten:

6. bis 8. Woche Parvovirose und Staupe

8. Woche Hepatitis c.c., Leptospirose und Zwingerhusten

10. bis 12. Woche Auffrischung Parvovirose und Staupe

12. Woche Auffrischung Hepatitis c.c., Leptospirose und Zwingerhusten

ab 12. Woche Tollwut

Das vom VDH und Tierärzten empfohlene Impfschema empfiehlt **mit 16 Wochen eine weitere Impfung:** *Parvovirose, Staupe, Hepatitis, Leptospirose, Zwingerhusten, Tollwut*

alle ein bis drei Jahre eine Auffrischungsimpfung *Parvovirose, Staupe, Hepatitis c.c., Leptospirose, Zwingerhusten, Tollwut*

Vorsorge

Natürlich gehört auch ein hundesicheres Zuhause zu einer umfassenden Gesundheitsvorsorge. So ist der beste Schutz vor Unfällen die Vermeidung gefährlicher Situationen. Was Sie dabei in Ihrer Wohnung und Ihrem Garten alles beachten müssen, lesen Sie auf Seite 38 „Welpensicheres Zuhause". Wenn Ihr Husky nicht zuverlässig folgt, leinen Sie ihn in unsicherem Gelände nie ab: zu schnell kommt es zu einer Katastrophe. Ein wirkungsvoller Schutz vor Vergiftungen ist, Ihrem Hund schon frühzeitig beizubringen, nur auf Befehl hin zu fressen. So nimmt er auch unterwegs nichts Unerlaubtes und eventuell Gefährliches auf.

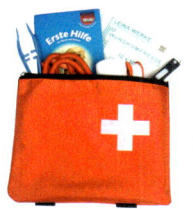

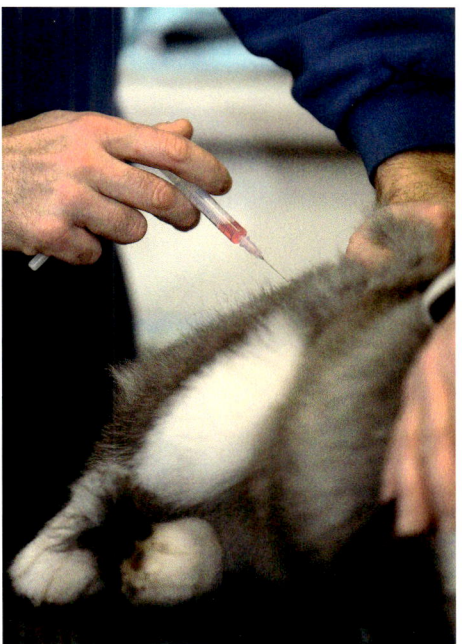

Impfungen sind wichtig, um den Hund vor einigen lebensgefährlichen Infektionskrankheiten zu schützen.

Hausapotheke für Ihren Siberian Husky

- Eventuell nötige Dauermedikamente
- Mittel gegen Durchfall
- Wundspray
- Desinfektionsmittel
- Augen- und Ohrentropfen
- Flohschutzmittel
- Zeckenschutzmittel
- Zeckenzange
- Wurmkur
- Schere
- Fieberthermometer
- Gaze, Verbandsmaterial
- Pfotenschutzschuh
- Vaseline gegen rissige Ballen
- Eventuell Maulkorb
- Rescue-Tropfen von Bach

Entwurmung

Führen Sie viermal im Jahr eine Wurmkur bei Ihrem Husky durch, um ihn vor Darmparasiten wie Band-, Rund-, Haken- und Peitschenwürmern zu schützen, mit denen er sich überall in freier Natur durch tote Wildtiere oder deren Kot infizieren kann. Achten Sie dabei auf wechselnde Präparate, da die Parasiten Resistenzen bilden können. Möchten Sie Ihren Hund nicht routinemäßig entwurmen, sollten Sie wenigstens alle drei Monate eine Kotprobe von Ihrem Tierarzt auf Würmer untersuchen lassen, damit Sie im Falle einer Infektion schnell handeln können, schließlich ist eine Übertragung auf Menschen ebenfalls möglich.

Reagieren Sie schon bei den ersten Beschwerden: Je eher eine Erkrankung erkannt wird, umso besser sind die Heilungschancen.

Bekannte Krankheitsbilder

Je eher Sie eine Krankheit bei Ihrem Husky erkennen, umso besser. Beobachten Sie daher Ihren Hund gut und reagieren Sie bereits bei den ersten Anzeichen. Suchen Sie frühzeitig einen Tierarzt auf, hat Ihr Vierbeiner grundsätzlich die besten Heilungschancen.

Nachfolgend stellen wir einige bekannte Krankheitsbilder vor, grundsätzlich ist der Husky aber eine sehr robuste, gesunde Rasse.

Hüftgelenksdysplasie (HD)

Unter der Hüftgelenksdysplasie versteht man eine Fehlentwicklung der Hüftgelenke. Hüftpfanne und Oberschenkelkopf entwickeln sich nicht passend zueinander; weil die Pfanne zu flach, der Kopf zu klein oder nicht rund ist, umschließen sich beide Teile nicht richtig; somit liegt zu viel Spiel dazwischen, das zu einer verstärkten Reibung und Abnutzung im Gelenk führt. Dysplasien sind überwiegend genetisch bedingte Entwicklungs- bzw. Wachstumsstörungen. Die Rassezuchtvereine in Deutschland legen auf eine sehr strenge Zuchtauswahl Wert, mit Erfolg, denn der Großteil der in deutschen VDH-Vereinen gezüchteten Huskys ist inzwischen HD-frei oder zeigt Übergangsformen.

In Deutschland wird die HD je nach Ausprägung in fünf Stufen eingeteilt: HD A bedeutet HD-frei, HD B ist verdächtig, HD C steht für leichte HD, HD D bedeutet mittlere und HD

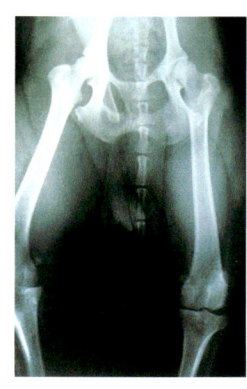

Bei der HD entwickeln sich Hüftpfanne und Oberschenkelkopf nicht passend zueinander, sodass es zu einer verstärkten Reibung und Abnutzung samt starker Schmerzen kommt.

Bekannte Krankheitsbilder

E schwere HD. Da die Erkrankung für den Hund zunehmend schmerzhaft ist, sind erste Anzeichen Bewegungsunlust, -vermeidung und Lahmheit der Hinterläufe. Die medizinischen Behandlungsmöglichkeiten reichen von einer medikamentösen Schmerztherapie bis hin zu einem chirurgischen Eingriff. In der Alternativmedizin zeigt die Goldakupunktur beachtliche Erfolge. Unterstützend sind eine Ernährungsumstellung, die Vermeidung von Übergewicht und eine angemessene Bewegung (keine Ausdauer- und zusätzlich gelenkbelastenden Sportarten) hilfreich. Vorbeugend ist schon für den Welpen eine gesunde Kost mit einem Proteinanteil von höchstens 22 % wichtig, ansonsten wächst der Kleine zu schnell, was eine zusätzlich ungünstige Instabilität des Bewegungsapparates zur Folge hätte. Achten Sie außerdem auf eine nur mäßige Beanspruchung der Gelenke (kurze Spaziergänge) solange sich der Junghund noch im Wachstum befindet.

Ellbogendysplasie (ED)

Die ED ist eine genetisch bedingte Entwicklungsstörung des Ellbogengelenks. Erste Anzeichen wie plötzliche Lahmheit und Bewegungsvermeidung der Vorderbeine, die sich durch vermehrte Belastung verschlimmern, zeigen sich häufig schon bei einem Welpen. Eine eindeutige Diagnose kann jedoch erst nach abgeschlossenem Wachstum erfolgen. Durch hervorstehende Knochenteile der Elle kann es zu einer zusätzlichen Knochenabsplitterung kommen. Die Vorsorge- und Behandlungsmethoden sind ähnlich wie bei der HD.
Auch bezüglich der ED herrscht in den deutschen Rassezuchtvereinen eine strenge Zuchtauswahl, sodass es nur noch wenige ED-belastete Hunde gibt.

Der Katarakt äußert sich in einer mehr oder weniger stark ausgeprägten Trübung der Linse im Auge.

Katarakt (Grauer Star; HC)

Unter Katarakt versteht man eine Trübung der Linse im Auge. Die Entwicklung des Grauen Stars ist in den meisten Fällen genetisch veranlagt und nicht unbedingt altersabhängig. Die Ausprägung der Trübung kann klein und unbedeutend sein, sie kann aber auch stark das Sehvermögen des Hundes beeinträchtigen. In letzterem Fall schafft, wie beim Menschen, eine ambulante Operation Abhilfe: die trübe Linse wird zertrümmert und abgesaugt. Anschließend setzt der auf Augenkrankheiten spezialisierte

Augenerkrankungen

Alle Zuchthunde müssen von einem vom VDH anerkannten Augentierarzt auf Augenerkrankungen untersucht werden. Nur Siberian Huskys, die keine Augenerkrankungen aufweisen, sind zur Zucht zugelassen.

Gesundheit

Notfall-Set

+ Elastische Mullbinden
+ Sterile Gaze
+ Selbstklebende Verbände
+ Watte
+ Pflasterrolle
+ Verbandsschere
+ Wunddesinfektionsmittel
+ Antiseptisches Puder
+ Brand- und Antihistamin-Salbe (vom Tierarzt)
+ Heparin-Salbe (vom Tierarzt)
+ Traumeel Salbe
+ Digitales Fieberthermometer
+ Taschenlampe
+ Decke
+ Eventuell Maulkorb
+ Ersatzleine
+ Einmalhandschuhe

Tierarzt eine Kunstlinse ein, die dem Vierbeiner vor allem im Nahbereich ein deutlich verbessertes Sehen ermöglicht. Die Erfolgsquote liegt bei 90 %. Siberian Huskys mit HC sind in Deutschland von der VDH-Zucht ausgeschlossen.

Persistierende Pupillarmembran (MPP)

Die MPP ist eine angeborene Reifestörung, bei der sich eine in der Embryonalzeit vorhandene Schicht aus ursprünglichen Bindegewebszellen zwischen Linse und vorderer Augenkammer nicht, wie üblich, zwischen der zweiten und zwölften Lebenswoche, zurückbildet, sondern als feines Netz vor der Pupille verbleibt. Je nach Schweregrad ist die Sehleistung des Hundes entsprechend beeinträchtigt. In schweren Fällen kann operativ Abhilfe geschaffen werden. Innerhalb des VDH dürfen Huskys mit MPP nur mit MPP-freien Zuchtpartnern verpaart werden.

Distichiasis

Von Distichiasis spricht man, wenn wimpernartige, feine Haare aus den Talgdrüsen des Lidrandes heraus in Richtung Auge wachsen. Die Symptome können je nach Schweregrad sehr unterschiedlich sein. Meistens kommt es zu einem vermehrten Tränenfluss, häufigem Blinzeln oder Zukneifen der Augen sowie einer mehr oder weniger starken Rötung der Bindehaut. Unbehandelt kann die Erkrankung auch zu schmerzhaften Hornhautgeschwüren führen. In schweren Fällen wird die Distichiasis operativ behandelt.
Innerhalb des VDH dürfen Huskys mit Distichiasis nur mit Distichiasis-freien Zuchtpartnern verpaart werden.

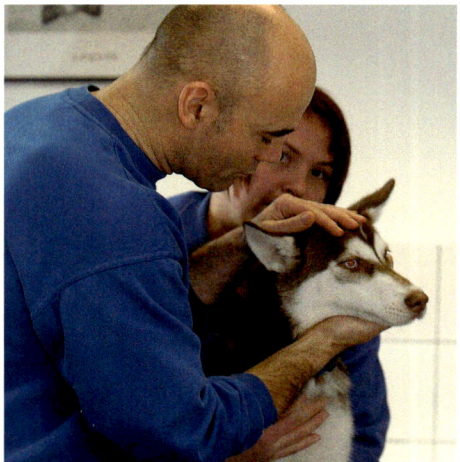

Bestehet der Verdacht auf eine Augenkrankheit, gehen Sie möglichst rasch zu Ihrem Tierarzt.

Alternative Heilmethoden

Alternative Heilmethoden haben sich auch im tiermedizinischen Sektor sehr bewährt.

Auch im tiertherapeutischen Sektor sind alternative Heilmethoden zunehmend im Kommen. Bei manchen Krankheiten kann eine schulmedizinische Behandlung häufig völlig durch alternative Verfahren ersetzt werden. Meist dauert solch eine Therapie zwar länger, andererseits ist sie jedoch deutlich nebenwirkungsärmer. Bei chronischen Erkrankungen hat sich der Einsatz alternativer Heilmethoden ebenfalls bewährt. In schweren Krankheitsfällen können natürliche Verfahren mit der Schulmedizin kombiniert werden und so zusätzliche Linderung verschaffen. Im Folgenden stellen wir Ihnen einige bewährte Heilmethoden vor.

Homöopathie

Die Homöopathie, die von dem Arzt Samuel Hahnemann (1755–1843) begründet wurde, betrachtet den Menschen bzw. das Tier als Ganzes. Hier spielt nicht nur das akute körperliche Symptom eine Rolle, sondern die gesamte Persönlichkeit des Tieres mit all ihren körperlichen und seelischen Eigenheiten. Um das passende Mittel zu finden, sind also neben dem Leitsymptom auch der Wesenstyp, die

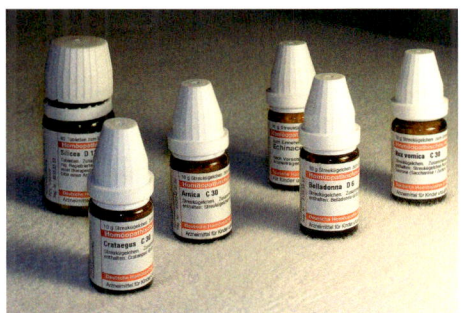

In der Homöopathie kommen pflanzliche und tierische Stoffe sowie Mineralien, Metalle und Nosoden zum Einsatz.

Gesundheit

Natürliche Heilverfahren sind deutlich nebenwirkungsärmer als viele schulmedizinische Methoden. Daher eignen sie sich auch sehr gut für Junghunde.

Entstehung der Krankheit, der augenblickliche Zustand und weitere Besonderheiten des Patienten zu beachten. Dabei gilt der Grundsatz: Ähnliches ist mit Ähnlichem zu heilen. Homöopathika stammen überwiegend aus dem Pflanzenreich; man verwendet aber auch Mineralien, Stoffe aus dem Tierreich, Metalle und Nosoden. Mithilfe von Wasser, Alkohol oder Milchzucker entstehen aus den natürlichen Stoffen Ursubstanzen. Diese Ursubstanzen werden nach den Angaben Hahnemanns durch entsprechende Verdünnungen zu Dezimalpotenzen (z. B. D-, C-, LM-Potenzen) verarbeitet, die der Therapeut schließlich je nach Schweregrad der Erkrankung zur Behandlung einsetzt. Homöopathische Arzneimittel gibt es als Tropfen, Tabletten, Globuli (Streukügelchen) oder Injektionslösung. Neben den reinen Substanzen sind auch etliche homöopathische Mischpräparate erhältlich.

Phytotherapie

Unter Phytotherapie oder Pflanzenheilkunde versteht man die Lehre der Verwendung von Heilpflanzen als Medikament. Sie gehört zu den ältesten medizinischen Therapien und ist auf der ganzen Welt in allen Kulturen verbreitet. Zum Einsatz kommen dabei ganze Pflanzen und deren Teile (Blüten, Blätter, Wurzeln), die auf verschiedene Weise (z. B. als Frischkraut Aufguss, Auskochung, Kaltwasserauszug und Pulverisierung) zu einem Medikament verarbeitet werden. Meist verwendet der Phytotherapeut Stoffgemische, die sich bereits als gut wirksam bewährt haben. Auch die Homöopathie nutzt auf pflanzlicher Ebene die Erkenntnisse der Phytotherapie.

Akupunktur

Die Akupunktur ist ein Teilgebiet der Traditionellen Chinesischen Medizin (TCM). Man geht hier von über 300 Akupunkturpunkten aus, die auf verschiedenen Meridianen (= Energiebahnen) des Körpers angeordnet sind. Durch das Einstechen von speziellen Akupunkturnadeln erwärmen sich die gestochenen Punkte und bringen das Qi (= Lebensenergie) wieder in einen intakten Fluss. Die Akupunktur gehört zu den Umsteuerungs- und Regulationstherapien. Eine Sitzung dauert 20 bis 30 Minuten. Der Patient wird dabei ruhig und entspannt gelagert. Eine komplette Therapie umfasst in der Regel 10 bis 15 Sitzungen. Die Akupunktur hat sich vor allem bei Schmerzpatienten bewährt. Für Hunde mit HD oder anderen Gelenkproblemen ist dies oft die letzte Chance, schmerzfrei zu werden. Eine Spezialform der Akupunktur ist die Goldakupunktur: Dabei werden kleine Goldkügelchen minimalinvasiv unter Narkose in bestimmte Akupunkturpunkte eingesetzt. Diese Goldkugeln bewirken eine Dauerakupunktur; die Schmerzleitung wird dadurch gehemmt und das Tier läuft somit wieder beschwerdefrei. Der Eingriff ist einmalig und wirkt in der Regel ein Leben lang. Die Goldakupunktur führt nicht jeder Tierarzt durch. Voraussetzung ist eine Ausbildung sowie langjährige

Alternative Heilmethoden

Erfahrung in Akupunktur, ganzheitlicher Orthopädie und Chirurgie. Tierärzte mit der Zusatzbezeichnung „Akupunktur" sind bei den einzelnen Landestierärztekammern zu erfahren.

Osteopathie

Die Osteopathie ist eine sanfte Methode, mit deren Hilfe die Selbstheilungskräfte des Körpers neu aktiviert werden. Auch der Osteotherapeut arbeitet ganzheitlich; nach einem ausführlichen Gespräch über den Patienten und

Durch die Osteopathie werden die Selbstheilungskräfte des Körpers neu aktiviert.

Die Akupunktur ist oftmals die einzige Chance für Schmerzpatienten noch einmal beschwerdefrei zu sein und wieder richtig durchstarten zu können.

dessen Beschwerden erspürt er mit seinen Händen Körperblockaden, die er anschließend durch bestimmte Berührungstechniken auflöst (meist sind mehrere Anwendungen nötig). Auf diese Weise kommt das Körpergewebe wieder ins Gleichgewicht und alle Körperflüssigkeiten zurück in ihren natürlichen Fluss. Osteopathie wird vor allem bei Schmerzpatienten erfolgreich angewendet, wobei der Schmerz meist nur ein Symptom einer tiefer liegenden Erkrankung bzw. Blockade ist. Immer mehr Tierphysiotherapeuten bieten zusätzlich zu ihrem herkömmlichen Leistungsspektrum Osteopathie an.

Der ältere Siberian Husky

Was ändert sich im Alter?

Hundesenioren gebührt besondere Aufmerksamkeit. Sie haben sich nach langen, ereignisreichen Jahren des Zusammenlebens einen schönen Lebensabend verdient.

Was ändert sich im Alter?

Ein Siberian Husky altert etwa ab dem 9. Lebensjahr. Bei Huskys macht sich das äußerliche Älterwerden als erstes auf der Rückseite der Ohren bemerkbar. Die satte Fellfarbe wird mehr und mehr mit weißen Stichelhaaren durchfärbt. Das typische „Grauwerden" der Schnauze, wie es bei anderen Rassen erkennbar ist, entfällt, weil fast alle Huskys bereits von Geburt an weiße Schnauzen und hell umrandete Augen haben. Bestimmte Wesensveränderungen und Alterswehwehchen kündigen ebenfalls ein Älterwerden an. Mit der Zeit wird Ihr Husky gelassener und ruhiger. Er hat ein höheres Schlafbedürfnis als früher, sein Bewegungsdrang nimmt allmählich ab. Häufig reagieren ältere Vierbeiner weniger flexibel auf Veränderungen. Eine verstärkte Anhänglichkeit, nächtliche Unruhe und geringeres Interesse an Artgenossen ist ebenfalls oft zu erkennen. Manche Hunde zeigen sich sogar schrullig und legen plötzlich bestimmte Marotten an den Tag, die sie vorher nicht hatten. Ursache hierfür können Verkalkungen im Gehirn sein, die eine Senilität bewirken. Nun sind mehr denn je Ihr Humor und Ihre Lockerheit gefragt. Zwar sollten Sie selbst mit einem alten Vier-

Ein älter werdender Husky braucht zunehmend mehr Schlaf.

Auch betagtere Hunde sind ab und zu noch zum Spielen aufgelegt.

beiner konsequent sein, trotzdem darf hier und da ein Augenzwinkern nicht fehlen.
Auch die Leistung der Sinnesorgane lässt allmählich nach: Ihr Husky hört, sieht und riecht nun schlechter als früher. Viele Hunde zeigen außerdem eine erhöhte Neigung zu Übergewicht. Um den gefährlichen Folgen des Dickwerdens wie Gelenkschäden oder Herz-Kreislauf-Störungen vorzubeugen, ist eine altersangepasste Ernährung nötig.
Trotz aller Veränderungen ist es wichtig, dass Sie Ihren wedelnden Senior nicht als alt, senil und „unbrauchbar" abstempeln!

Fitmacher „Spielen"

Fordert Ihr vierbeiniger „Rentner" Sie noch zum Spielen auf, machen Sie ihm die Freude und gehen Sie darauf ein; so fühlt er sich wichtig und dazugehörig. Respektieren Sie allerdings die Tatsache, dass ältere Hunde schneller die Lust am Spielen verlieren als Jungspunde. An manchen Tagen ist Ihr betagter Freund vielleicht überhaupt nicht zum Spielen aufgelegt. Möchte Ihr Senior von heute auf morgen nicht mehr spielen, lassen Sie ihn vom Tierarzt untersuchen, denn eventuell verdirbt ihm ein akutes gesundheitliches Problem den Spaß.

Der ältere Siberian Husky

Der richtige Umgang

Wer rastet, der rostet

Fühlt sich ein betagter Siberian Husky abgeschoben und nicht mehr altersangemessen gefordert, baut er schnell ab. Da das Sprichwort „Wer rastet, der rostet" auch für alte Hunde gilt, ist körperliche Aktivität besonders wichtig. Sie bringt nicht nur den Kreislauf in Schwung, auch Muskeln und Gelenke bleiben beweglich. Ebenso wird die Durchblutung aller Organe angeregt und eine optimale Sauerstoffversorgung gewährleistet. Der zusätzliche Abbau von Stresshormonen führt zu ausgeglichener Zufriedenheit. Passen Sie Art und Umfang der Bewegung den Bedürfnissen, der Fitness und der allgemeinen, bis dahin erworbenen Kondition Ihres Huskys an. Gehen Sie sensibel auf den Aktivitätsdrang Ihres Vierbeiners ein. Beobachten Sie ihn gut und überfordern Sie ihn nicht. Ein Spaziergang, auf dem Ihr hündischer Senior über sein Tempo und eventuelle Toberunden selber bestimmen darf, ist besser als eine Joggingrunde, bei der Ihr alter Freund nur mühsam Schritt halten kann.

Es ist wichtig, den älteren Husky noch altersangemessen zu fordern, ansonsten fühlt er sich rasch abgeschoben und altert schneller.

War Ihr Rentnerhund sein Leben lang begeisterter Sportler, hat er bei entsprechender körperlicher Verfassung auch noch im Alter Spaß daran, einen Parcours mit niedrigen Hindernissen zu überqueren. Setzen Sie untrainierte Vierbeiner allerdings nicht von heute auf morgen anstrengenden, ungewohnten Aktivitäten aus. Erfahrene Zughunde sind oftmals noch im Rentenalter für gemeinsame Ausflüge mit einem leichten Schlitten zu begeistern.

Achten Sie bei Spaziergängen auf Regelmäßigkeit und Gleichmäßigkeit, das heißt: Gehen Sie mit einem alten Husky lieber mehrmals täglich

Ältere, trainierte Huskys können immer noch Spaß an einer leichten Zugarbeit haben.

Was ändert sich im Alter?

> ### Alte Huskys gehören ins Haus
> Huskys, die in einem Zwinger groß bzw. alt geworden sind, sollten aus ihrem Zwinger entlassen und in ihren letzten Lebensjahren im Haus betreut werden, denn innerhalb einer Gruppe bereiten jüngere Hunde dem alten Vierbeiner nur Stress; dadurch kommt es häufig zu vermeidbaren Beißereien.

Setzen Sie Ihren wedelnden Senior in der Sommerhitze keinen großen Belastungen aus, sondern verlegen Sie Aktivitäten mit ihm lieber in die kühlen Morgen- und Abendstunden.

eine halbe Stunde spazieren, als einmal am Tag ganz lang. Halten Sie diese Zeiten auch am Wochenende und im Urlaub ein, damit der Grad der Belastung einheitlich bleibt. Lassen Sie Ihren Senior außerdem nur aufgewärmt an einer Übungseinheit auf dem Hundeplatz, einer gemütlichen Fahrradtour oder einer Toberunde mit Artgenossen teilnehmen. Ein unvorbereiteter Kaltstart belastet Herz, Kreislauf, Muskeln, Bänder und Gelenke zu stark. Gehen Sie mit Ihrem Vierbeiner lieber erst in gleichmäßigem Schritttempo an der Leine spazieren, ehe er sich richtig auspowern darf. Nach einer sportlichen Betätigung sollte Ihr Senior ebenfalls in ruhigem Tempo wieder abkühlen können.

Angemessene Bewegung für Seniorenhunde

Damit Gelenke, Muskeln und Bänder nicht überbelastet werden, ist eine gleich bleibende Bewegungsabfolge empfehlenswerter als z.B. ein wildes Ballspiel, bei dem der Hund abrupt starten und wieder abbremsen muss.

Extrem Kreislauf belastend sind hohe, schwüle Sommertemperaturen; verlegen Sie Spaziergänge und sportliche Aktivitäten mit Ihrem wedelnden Rentner an solchen Tagen also lieber auf die kühlen Morgen- und Abendstunden.

Ein toller Sommersport für alte Hunde ist Schwimmen. Der beim Schwimmen ausgeführte gleichmäßige Bewegungsablauf schont den Kreislauf und die Gelenke. Ihr Husky kann hier auch sein Tempo und das Maß der Bewegung gut selbst bestimmen. Nichtschwimmer plantschen vielleicht lieber à la Kneipp. Nutzen Sie in der warmen Jahreszeit also jeden Bach oder Teich, an dem sie vorbeikommen. Rubbeln Sie einen empfindlichen Hund an kühlen Tagen jedoch unbedingt gut trocken, denn Nässe und Wind führen schnell zu einer gefährlichen Lungenentzündung oder einem schmerzhaften Rheumaschub. Für die kalten Wintermonate stehen vereinzelt Hundeschwimmbäder zur

Hat Ihr sibirischer Vierbeiner sein Leben draußen verbracht, gönnen Sie ihm im Alter nun ein warmes Plätzchen im Haus.

Der ältere Siberian Husky

Körperliche Beschwerden bedeuten nicht zwangsläufig ein generelles Bewegungsverbot.

Spazierengehen ist auch für ältere Hunde noch sehr wichtig. Dadurch bleibt nicht nur der Kreislauf in Schwung, sondern auch, durch die vielen verschiedenen Sinneseindrücke, das Gehirn.

Verfügung; diese sind in der Regel einer Praxis für Tierphysiotherapie angeschlossen.

Hat Ihr Vierbeiner bereits körperliche Beschwerden, bedeutet dies nicht automatisch ein generelles Bewegungsverbot. Bei etlichen chronischen Erkrankungen trägt ein individuell abgestimmtes Mobilitätsprogramm oft sogar zur Besserung bei. In der Akutphase kann allerdings vorübergehende Ruhe nötig sein. In einem solchen Fall sprechen Sie sich am besten mit Ihrem Tierarzt. Er klärt Sie je nach Art und Schwere des Leidens Ihres Huskys darüber auf, welche Bewegungen erlaubt und welche verboten sind. Eine gezielte Physiotherapie hilft bei Krankheiten des Bewegungsapparates.

Beschäftigungstipps für Seniorhunde

Etliche Hunde spielen noch bis ins hohe Alter, meist zwar nicht mehr mit Artgenossen, dafür aber in kurzen Sequenzen mit Herrchen oder Frauchen. Spielen macht dann nicht nur Spaß, sondern hat für ältere Vierbeiner sogar einen therapeutischen Nutzen. Es bedeutet Ablen-

Allroundhelfer „Spaziergang"

Regelmäßiges Spazierengehen ist für alte Hunde toll und sehr wichtig. Der Vierbeiner kann hier sein Tempo selbst bestimmen. Die Bewegungsabläufe sind in der Regel gleichmäßig. Außerdem hält ein Gang an der frischen Luft viele Sinneseindrücke parat: Ihr Senior hat Kontakt zu Artgenossen und zu anderen Menschen. Zudem nimmt er unterschiedliche Gerüche wahr („Zeitung lesen"). Und: Die Bewegung draußen bei jedem Wetter stärkt das Immunsystem. Ein Spaziergang wird abwechslungsreicher, wenn Sie unterwegs kleine Spielchen oder Gehorsamkeitsübungen einstreuen. Nehmen Sie es Ihrem Rentner aber nicht krumm, wenn er mal einen schlechteren Tag und somit keine Lust auf Gaudi hat. Stecken Sie zur Belohnung immer die Lieblingsleckerlis Ihres bellenden Freundes ein. Auch die regelmäßige Verabredung mit anderen Hundebesitzern macht die tägliche Bewegung kurzweiliger.

kung von kleineren Alterswehwehchen sowie Stärkung des altersmäßig häufig angeknacksten Selbstbewusstseins, denn der bellende Senior steht plötzlich wieder ganz im Mittelpunkt und erhält viel Lob, das zu neuem Stolz verhilft. Viele Graue Schnauzen fallen durch ein lustiges Spiel sogar regelrecht in einen Jungbrunnen. Und: Hunde, die ihr Leben lang spielerisch gefordert wurden, bleiben generell länger fit und gesund. Selbstverständlich verlangt das Spielen mit älteren Vierbeinern erhöhte Rücksichtnahme auf den aktuellen Gesundheitszustand sowie die bis dahin erworbene Kondition. Ein Hund, der unter Arthrose leidet, sollte beispielsweise keine Hindernisse überspringen, kann dafür aber noch leichte Gegenstände apportieren oder eine Fährte erschnüffeln. Diverse Zipperlein sind also noch kein Grund, generell auf Spiel und Spaß zu verzichten. Mit etwas Fantasie, viel Einfühlungsvermögen und Humor findet man genügend Möglichkeiten, auch einen Seniorhund alters angemessen zu fordern.

Bei der Beschäftigung mit einem alten Vierbeiner ist Humor sehr wichtig, denn hat Ihr Senior Spaß, vergisst er dadurch schnell mal kleine Zipperlein.

- *Haben Sie einen alternden, aber noch fitten Sportler im Haus, lassen Sie ihn über niedrige Hürden oder durch einen höhenverstellbaren Reifen springen oder steigen. Letzterer lässt sich problemlos aus einem Fahrradreifen, der in einen Skistock eingefädelt ist, selbst bauen.*
- *Bieten Sie Ihrem älteren Husky außerdem Schnüffelspiele an, die seine Sinne und die Konzentrationsfähigkeit fördern. Da die Riechleistung im Alter abnimmt, sind stark duftende „Lockstoffe" wie getrockneter Pansen empfehlenswert, mit dem Sie beispielsweise eine Fährte durch den Garten legen können. Das Duftglas, ein mit Leckerlis gefülltes und einem durchlöcherten Schraubdeckel verschlossenes Marmeladenglas, eignet sich ebenfalls hervorragend für Suchspiele. Hat Ihr Husky das versteckte „Überraschungsei" gefunden, bekommt er als Belohnung natürlich den schmackhaften Inhalt.*
- *Hat Ihr Husky hat im Laufe seines Lebens Kunststückchen gelernt, fragen Sie diese immer wieder ab, denn das hält geistig fit. Hunde, die hier über Jahre hinweg trainiert wurden, lernen selbst noch im Alter problemlos neue Tricks. Aber auch für eher ungeübte Rentner ist eine Neueinstudierung leichter Übungen wie Pfotegeben oder „Sich-schlafend-Stellen" machbar und sinnvoll, denn durch Kopfarbeit bleiben ergraute Schnauzen deutlich länger jung. Selbst die wiederholte Abfrage des Grundgehorsams ist für alte Hunde eine wichtige Bestätigung.*

Das gemeinsame Spielen mit einem Seniorhund bringt nicht nur viel Spaß und neue Lebensfreude, sondern schweißt Sie noch enger zu einem tollen Team zusammen. Nützen Sie die Zeit miteinander so lange es geht!

Pflege und Wellness

Richtig verwöhnen können Sie Ihren vierbeinigen Liebling mit einigen Anwendungen aus dem Wellnessbereich. So wird durch eine entspannende Bürstenmassage beispielsweise

Der ältere Siberian Husky

Lassen Sie sich Tricks, die Ihr Husky im Laufe seines Lebens gelernt hat, immer wieder mal vorführen, denn das hält geistig fit.

nicht nur abgestorbenes Haar herausgekämmt, sondern auch die vermehrte Durchblutung der Haut angeregt. Intensives Streicheln wirkt ebenfalls wie eine angenehme, vitalisierende Massage. Massieren Sie Ihren Husky sanft mit kreisförmigen Bewegungen. Lockernd wirkt ein leichtes Kneten und Rollen von Haut und Muskeln. Die Aromatherapie kann Hundesenioren zu neuer Energie verhelfen; sie stärkt den Kreislauf, aktiviert die Abwehrkräfte und fördert die seelische Ausgeglichenheit. Außerdem wird ihr eine besonders erfrischende Wirkung nachgesagt. Geben Sie einige Tropfen der ätherischen Öle entweder in eine Duftlampe, in ein Kräutersäckchen oder direkt auf den Liegeplatz des Hundes, allerdings sehr sparsam dosiert, damit die feine Hundenase den Geruch nicht als störend empfindet und nur, wenn es Ihrem Husky auch wirklich behagt. Für ältere Vierbeiner sind besonders Lavendel, Zitrone, Grapefruit, Orange, Geranium und Muskatellersalbei empfehlenswert, denn sie haben auf den gesamten Organismus eine stärkende und aufbauende Wirkung.

Verwöhnen Sie Ihren Senior mal mit etwas Wellness: Bürsten kann dabei wie eine angenehme Massage wirken.

Mit alternativen Heilmethoden zu neuer Lebensqualität

Leidet Ihr Husky bereits unter gewissen Altersbeschwerden, versprechen unterschiedliche Verfahren aus der Naturheilkunde Linderung. So hält die Homöopathie mit Präparaten

Pflege-Tipps für Seniorhunde

- ✓ Regelmäßige Zahnkontrolle sowie Zähneputzen sind empfehlenswert, denn Prophylaxe schützt wirksam vor vielen Zahnproblemen.
- ✓ Bürsten Sie Ihren Siberian Husky einmal in der Woche.
- ✓ Kontrollieren Sie regelmäßig die Haut auf Veränderungen, eventuelle Liegeschwielen und die Krallen.
- ✓ Tasten Sie Ihren Senior wöchentlich nach eventuellen Veränderungen ab.
- ✓ Entwurmen Sie auch den älteren Siberian Husky alle drei bis vier Monate.

- ✓ Reinigen Sie regelmäßig Augen, Ohren, Scham bzw. Penis.
- ✓ Rauchen Sie nicht in der Gegenwart Ihres Hundes, denn Passivrauchen beschleunigt den Alterungsprozess.
- ✓ Geben Sie Ihrem Vierbeiner einen warmen, weichen und vor Zugluft geschützten Schlafplatz, denn Sie hygienisch sauber halten.
- ✓ Gehen Sie ein- bis zweimal im Jahr zur Altersvorsorgeuntersuchung zu Ihrem Tierarzt.

Der ältere Siberian Husky

wie Echinacea zur Stärkung der Abwehrkräfte, Crataegus zur Anregung und Stabilisierung der Herztätigkeit und Vermiculite gegen Zahnstein und Zahnfleischentzündungen bewährte Mittel bereit. Bachblüten helfen bei Tieren mit altersbedingten Wesensveränderungen. Damit Sie das richtige Präparat für Ihren Hund finden, beraten Sie sich am besten mit Ihrem Tierarzt. In der Schmerztherapie erzielt die Akupunktur sehr gute Erfolge. Schmerzmittel lassen sich dadurch meist deutlich reduzieren, manchmal werden sie sogar gänzlich überflüssig. Die Akupressur ist eine Abwandlung der Akupunktur; hier ersetzen die Berührung und der Druck der Finger die Nadeln. Dies wirkt sich nicht nur sehr positiv und entspannend auf den Körper aus, sondern auch auf die Seele des Vierbeiners.

Auch einfache Hausmittel tun Ihrem Hundesenior gut. Leidet Ihr Husky beispielsweise an

Ein erwärmtes Dinkelkissen im Hundelager tut Ihrem Husky bei rheumatischen Gelenkbeschwerden gut.

Bei Krankheiten des Bewegungsapparates kann eine gezielte Physiotherapie, beispielsweise auf einem Unterwasserlaufband, helfen.

Physiotherapie für daheim

✓ Lassen Sie Ihren Hund abwechselnd Pfötchen geben: Dies löst Verspannungen im Schulterbereich und stärkt gleichzeitig die Muskulatur.

✓ Ein mehrmaliges „Sitz" und „Steh" im Wechsel entspricht den menschlichen Kniebeugen; dadurch wird mehr Muskulatur in der Hinterhand aufgebaut.

✓ Pumpen Sie eine stoffbezogene Luftmatratze nicht ganz prall auf; nun stellen Sie sich und Ihren Hund darauf und treten leicht auf der Stelle. Diese flexible Unterlage fördert den Gleichgewichtssinn Ihres Huskys und wirkt muskelaufbauend.

✓ Ein Slalom durch Ihre Beine ist für Ihren Vierbeiner eine gute Dehnübung, da sich der gesamte Hundekörper dabei beidseitig leicht u-förmig dehnt.

✓ Ein kleiner Cavaletti-Lauf fördert die Konzentration, die Koordination und den Aufbau der Beinmuskulatur. Legen Sie hierfür eine Leiter oder einige Besenstiele etwas erhöht auf den Boden und achten Sie darauf, dass Ihr bellender Gefährte ganz exakt eine Pfote nach der anderen in die Sprossenzwischenräume setzt.

Bitte vergessen Sie nicht bei all diesen Übungen ausgiebiges Loben und Leckerlis zur Belohnung, schließlich soll auch eine Physiotherapie Spaß machen!

Ein Slalom oder eine Acht durch Ihre Beine ist eine gute Dehnübung für Ihren Husky.

Rheuma, legen Sie eine Wärmflasche oder ein erwärmtes Dinkel- oder Kirschkernkissen in den Hundekorb; ein auf diese Weise vorgewärmtes Körbchen wirkt sich auch bei Hunden mit Gelenkproblemen sehr positiv aus. Hat Ihr bellender Senior nach einer längeren Wanderung Muskelkater, schaffen Einreibungen und Umschläge mit Arnikasalbe oder verdünnter -tinktur Erleichterung. Gerade in der kalten Jahreszeit bewährt sich diese Behandlung ebenfalls bei älteren Hunden mit rheumatischen Muskel- oder Gelenkbeschwerden.

Ein weiteres sehr breites Heilungsspektrum bietet die Physiotherapie, die neben spezieller Krankengymnastik diverse Wasser-, Massage- und Magnetfeldtherapien beinhaltet. Lassen Sie also Ihren vierbeinigen Senior im Fall der Fälle neben dem eigenen Verwöhnprogramm auch von den therapeutischen Fortschritten der Tiermedizin profitieren. Er hat es sich nach Jahren treuer Freundschaft redlich verdient!

Ernährung

Selbstverständlich darf eine dem Alter entsprechend angepasste Ernährung nicht fehlen. Stellen Sie Ihren Husky langsam auf eine leichtere, energieärmere Nahrung um, damit er nicht übergewichtig und dadurch zusätzlich träge wird; immerhin sinkt der Energiebedarf

Der ältere Siberian Husky

Ihres Hundes im Alter um etwa 20 %. Füttern Sie nun zwei- bis dreimal am Tag, denn mehrere kleine Portionen sind leichter zu verdauen als eine Große. Achten Sie unbedingt auf die Linie Ihres Huskys, denn schlanke Hunde sind gesünder und leben länger.

Im Fachhandel erhalten Sie spezielles Seniorfutter, das extra auf die Bedürfnisse und den verlangsamten Stoffwechsel alter Hunde abgestimmt ist. Bei diversen Erkrankungen bekommen Sie ein genau abgestimmtes Diätfutter über den Zoofachhandel oder Ihren Tierarzt. Allgemein sollte Seniorfutter besonders schmackhaft und hochverdaulich sein. Geben Sie keine Nahrungsergänzungsmittel (Vitamine, Mineralstoffe), ohne es vorher mit Ihrem Tierarzt abgesprochen zu haben, denn auch Vitamine oder Mineralien können überdosiert schaden. Täglich frisches Trinkwasser darf natürlich nicht fehlen. Hat Ihr Hund deutlich weniger Durst, stellen Sie ihn auf Nassfutter (Dosenfutter) um oder mischen Sie seinem herkömmlichen Futter zusätzlich Wasser bei, damit er nach wie vor ausreichend mit Flüssigkeit versorgt wird.

Stecken Sie Ihrem Vierbeiner keine Süßigkeiten und Essensreste zu. Dies wäre falsch verstandenes Verwöhnen und schadet älteren Hunden besonders. Belohnen Sie nur mit echten Hundeleckerlis; inzwischen gibt es sogar schon Leckereien in Senior- oder Lightqualität.

Extra-Tipp

Füttern Sie im Sommer nicht in der größten Mittagshitze: ein voller Bauch wirkt bei großer Hitze zusätzlich kreislaufbelastend. Lassen Sie Ihren Senior nach dem Fressen mindestens 1 Stunde ruhen.

Leckerli-Spaß für Seniorhunde

Möchten Sie Ihren Siberian-Husky-Rentner mal mit selbst gebackenen Leckerlis verwöhnen, dann probieren Sie folgendes Rezept aus.

Sie benötigen folgende Zutaten:
100 g feine Senior-Hundeflocken
2 Eier
4 TL Senior-Dosenfutter

Alle Zutaten werden in einer Schüssel zu einem Teig verarbeitet. Daraus formen Sie nun kleine Bällchen, legen diese auf ein mit Backpapier ausgelegtes Backblech und lassen sie ca. 35 Minuten bei 175 °C im bereits vorgeheizten Backofen fest werden.

Dieses Rezept ist für jeden Hundetyp geeignet, denn ganz gleich, ob er Diätfutter braucht oder in Bezug auf Leckerli besonders wählerisch ist, Sie können dafür Ihr ganz normales tägliches Hundefutter verwenden. Füttern Sie normalerweise keine feinen Flocken, sondern gröberes Futter, wird dies vorher einfach in einer Küchenmaschine zerkleinert.

Damit der Spaß komplett wird, kann sich der Vierbeiner seine „Plätzchen" erarbeiten; dazu darf natürlich die richtige Verpackung nicht fehlen. Hier empfiehlt sich beispielsweise eine kleine Papiertüte oder ein ausrangiertes Stofftaschentuch. Aber auch ein alter Socken birgt, mit den Leckerlis gefüllt, einen großen Auspackspaß für den Hund und ist, geleert, anschließend auch noch ein tolles Spielzeug. Eine weitere geeignete Verpackung ist eine kleine Schachtel, beispielsweise von einer Glühbirne, oder einfach nur altes Zeitungspapier.

Abschied

Leider währt ein Hundeleben nicht ewig und so ist auch irgendwann nach Jahren des gemeinsamen Zusammenlebens die Zeit des Abschieds gekommen. Manche Senioren schlafen einfach friedlich ein. Häufig jedoch wird der Hundebesitzer in die verantwortungsvolle Pflicht genommen, über Leben und Tod des Hundes selbst zu entscheiden. Wenn Ihr Husky leidet, ihm das Leben zur Qual wird, weil selbst die Tiermedizin an ihre Grenzen kommt und ihm seine Schmerzen nicht mehr nehmen kann, ist es an der Zeit, ihn von seinem Leiden zu erlösen. Viele Tierärzte kommen hierfür auch zu Ihnen nach Hause, damit dem gebrechlichen Vierbeiner weiterer Stress durch einen unnötigen Transport erspart bleibt und er in seiner gewohnten Umgebung ruhig und würdevoll für immer einschlafen darf.

Der Abschied von Ihrem langjährigen, treuen Begleiter ist natürlich mit großer Trauer verbunden. Haben Sie sich jedoch sein Hundeleben lang auf seine Bedürfnisse eingestellt und waren Sie in guten wie in schlechten Zeiten für ihn dar, ist die Gewissheit eines erfüllten, tollen Hundelebens, das Ihr Husky bei Ihnen hatte, vielleicht ein kleiner Trost. Da die Trauer um einen geliebten Vierbeiner nicht zu unterschätzen ist, gibt es inzwischen in vielen Orten Tierfriedhöfe oder -krematorien, die durch einen ganz bewussten Abschied und einen festen Ort der Trauer, den man jederzeit besuchen kann, die Trauerarbeit und das Loslassen erleichtern. Natürlich wird Ihr verstorbener Husky unersetzlich bleiben, trotzdem stellt sich Ihnen nach einiger Zeit vielleicht wieder die Frage nach einem neuen Hund. Stimmen auch dann noch alle Voraussetzungen für eine Anschaffung, ehren Sie das Andenken an Ihren Vierbeiner, indem Sie sich einen neuen Husky anschaffen. Doch machen Sie nicht den Fehler, ihn mit Ihrem vorigen Hund zu vergleichen. Jeder Siberian Husky ist absolut einmalig und auf seine ganz eigene Weise liebenswert.

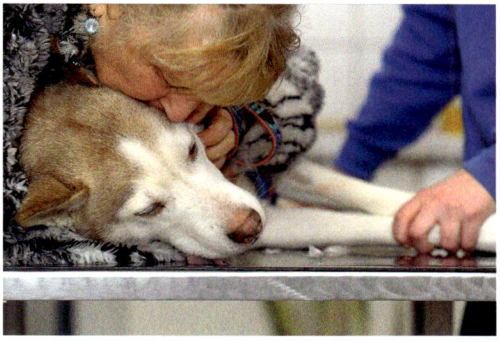

Die schönen Jahre des Zusammenlebens vergehen oft wie im Flug und die Zeit des Abschieds kommt viel zu schnell.

Er wird immer unvergessen bleiben ...

Tierbestattungen

Adressen von Tierfriedhöfen und -krematorien in Ihrer Nähe bekommen Sie über den Bundesverband der Tierbestatter e. V.:
www.tierbestatter-bundesverband.de
Eventuell können Ihnen aber auch Ihr Tierarzt oder der örtliche Tierschutzverein weiterhelfen.

Hilfreiche Adressen und Links

Rassezuchtvereine Deutschland

Deutscher Club für Nordische Hunde e.V. (DCNH)
Dr. Renate Winkler
(Welpenvermittlung und Zuchtbuchstelle)
Sudetenstr. 4
D-87730 Bad Grönenbach
Tel: 08334-36 29 24

Guido Schäfer
(Rassebeauftragter im DCNH)
Koblenzer Str. 4d
D-56759 Kaisersesch
Tel: 02653-91 12 64
Fax: 02653-42 08
www.dcnh.de

Siberian Husky Club Deutschland e.V.
Heidi Delling
(Welpenvermittlung)
An der Bleiche 13
D-38170 Schöppenstedt
Tel: 05332-17 40
www.huskyclub.de

Österreich

Österreichischer Club für Nordische Hunderassen und Schlittenhunde
Edith Markl
(Welpenvermittlung)
Lans 88
A-6072 Lans
Tel./Fax: 0043-(0)512-37 73 74
www.oecnhs.at

Schweiz

Schweizerischer Club für Nordische Hunde
Marianna Fritz
(Zuchtwartin Siberian Husky)
Chalet Arla
CH-7050 Arosa
Tel: 0041-(0)81-377 20 39
Fax: 0041-(0)81-377 13 45

Manuela Walter (Zuchtwartin Siberian Husky)
Landstraße 34
CH-5322 Koblenz
Tel/Fax: 0041-(0)56-246 00 38
www.sknh.ch

Kynologenverbände

Verband für das Deutsche Hundewesen (VDH)
Westfalendamm 174
(Geschäftsstelle)
D-44141 Dortmund
Tel: 0231-565 00-0
Fax: 0231-59 24 40
www.vdh.de

Österreichischer Kynologenverband (ÖKV)
Siegfried-Marcus-Straße 7
(Geschäftsstelle)
A-2362 Biedermannsdorf
Tel: 0043-(0)2236-71 06 67
Fax: 0043-(0)02236-71 06 57-30
www.oekv.at

Schweizerische Kynologische Gesellschaft (SKG)
Brunnmattstrasse 24
(Geschäftsstelle)
CH-3007 Bern
Tel: 0041-(0)31-306 62 62
Fax: 0041-(0)31-306 62 60
www.hundeweb.org

Haustierregister

Deutscher Tierschutzbund e.V.
Baumschulallee 15
(Geschäftsstelle)
D-53115 Bonn
Tel: 0228-60 49 60
Fax: 0228-60 49 640
www.tierschutzbund.de

TASSO e.V.
Haustierzentralregister
Frankfurter Straße 20
D-65795 Hattersheim
Tel: 06190-93 73 00
Fax: 06190-93 74 00
www.tiernotruf.org

Internationale Zentrale Tierregistrierung (IFTA)
Nördliche Ringstraße 10
D-91126 Schwabach
Tel: 00800-43 82 00 00
Fax: 09122-88 51 989
www.tierregistrierung.de

Interessante Links rund um den Hund

www.partner-hund.de
www.hundefinder.de/hundeschulen
www.ferien-mit-hund.de
www.flughund.de
www.haustierratgeber.de

Der Verlag ist nicht für den Inhalt von Internetseiten und deren Links verantwortlich

Dank

Mein herzlicher Dank gilt Simone Ebardt-Heidt und Michael Ebardt sowie ihrem Zwinger „Siberians of Savannah Town" (www.siberians-of-savannah-town.de) für die fachliche Mitarbeit und Beratung.
Ein großer Dank geht außerdem an Karin van Klaveren (www.kvk-tierfotos.de und www.kisangani.de) für ihre einmaligen, direkt aus dem Leben gegriffenen Fotos. Ihre Bilder stellen immer wieder eine große Bereicherung für die Premium-Ratgeber-Reihe dar.

Der Firma Trixie danke ich für die freundliche Bereitstellung sämtlichen Hundezubehörs und Vroni Reisinger für die fotografische Unterstützung.

Ein weiteres dickes Dankeschön geht an Ingrid Heindl (www.tierphysiotherapie-bayern.de) und Dr. med. vet. Susanne Winhart: ihr fachlicher und persönlicher Rat war mir bei der Erstellung des Skriptes eine große Hilfe.

Außerdem danke ich ganz besonders Familie Schmitt und Tobias Volg für ihren steten Rückhalt in allen Fragen und Bereichen sowie meinen Redaktionshunden „Luzie" und „Peggy" für ihr beruhigendes Schnarchen während meiner Arbeit und unsere gemeinsamen entspannenden Spaziergänge und Spielrunden zwischendurch.

Bildnachweis

Alle Fotos von Karin van Klaveren, bis auf:
bede-Archiv, Seite: 108 unten
Annette Schmitt: Seiten 38 unten, 71 unten(2), 73 unten, 74 unten, 76 unten links, 77 unten, 81 oben, 111 unten, 122(2), 124
Christine Steimer, Seiten: 77 oben, 102 unten, 106 oben rechts
Trixie, Seiten: 34(4), 35(3), 36(5), 37(5), 47(1), 48(5), 49(2), 69(1), 73(1), 110(1)

Register

Abenteuerspielplatz 44, 48
Akupressur 72, 74, 122
Akupunktur 112
Alaskan Husky 21
Alleinbleiben 18, 54
Altersbeschwerden 121
Anspringen 57
Augenpflege 68
Ausstellungen 80
Auto 35, 41, 96, 99
Bachblüten 71, 122
Bellen 59
Beschäftigungstipps 16, 36, 55, 84, 118
Betteln 58, 79
Bleib 61
Eingewöhnung 26, 31, 41
Entwurmung 71, 107
Fahrradtour 16, 88, 117
Fellpflege 36, 67
Flegelphase 38, 56
Futterklau 58
Futterschleppe 93
Futterumstellung 41, 78
Fütterung 41, 75, 77
Grundkommandos 59
Hausapotheke 107
Hier 63
Homöopathie 71, 105, 111, 121
Hundepension 97, 102
Hundeschule 27, 43, 47
Hundesport 8, 16, 20, 84, 87
Impfungen 71, 106
Junghund 38, 56
Kastration 29, 30
Knabberspielsachen 56
Krankheiten 108
Läufigkeit 29
Leckerli 48, 77, 79, 124
Leinenführigkeit 51, 53, 81
Lob 64
Magendrehung 79, 89, 93
Massage 72, 74, 121
Nährstoffe 75
Ohrenpflege 69
Osteopathie 113
Pfotenpflege 67

Phytotherapie 112
Platz 60
Reiseapotheke 102
Schlafplatz 34, 71
Schlittenhund 5, 21, 23, 32, 59
Schlittenhundesport 21, 84
Schnüffelspiele 119
Seniorfutter 123
Seniorhund 115
Sitz 59
Skandinavier 85
Skijöring 21, 85
Spielen 48, 91, 115, 118
Spielzeug 36, 91, 95

Springen auf Möbel 58
Standard 9
Stubenreinheit 50
Tierbestattungen 125
Tierheimhund 31, 42
Turnierhundesport 16
Verhaltensauffälligkeiten 30, 65
Verhütung 30
Welpe 17, 26, 41, 48, 50, 91, 106
Welpenfutter 34
Zahnkontrolle 69, 121
Zahnwechsel 69
Zubehör 34
Züchter 31, 34, 41, 106

Hinweis: Die in diesem Buch enthaltenen Empfehlungen und Angaben sind von den Autoren mit größter Sorgfalt zusammengestellt und geprüft worden. Eine Garantie für die Richtigkeit der Angaben kann aber nicht gegeben werden. Autoren und Verlag übernehmen keinerlei Haftung für Schäden und Unfälle. Der Leser sollte bei der Anwendung der in diesem Buch enthaltenen Empfehlungen sein persönliches Urteilsvermögen einsetzen.

Impressum
Bibliografische Information der Deutschen Nationalbibliothek
Die Deutsche Nationalbibliothek verzeichnet diese Publikation in der Deutschen Nationalbibliografie; detaillierte bibliografische Daten sind im Internet über http://dnb.d-nb.de abrufbar.

Das Werk einschließlich aller seiner Teile ist urheberrechtlich geschützt. Jede Verwertung außerhalb der engen Grenzen des Urheberrechtsgesetzes ist ohne Zustimmung des Verlages unzulässig und strafbar. Das gilt insbesondere für Vervielfältigungen, Übersetzungen, Mikroverfilmungen und die Einspeicherung und Verarbeitung in elektronischen Systemen.

© 2010 Eugen Ulmer KG
Wollgrasweg 41, 70599 Stuttgart (Hohenheim)
E-Mail: info@ulmer.de
Internet: www.ulmer.de
Umschlagentwurf: Sojus Design, Kai Twelbeck, Stuttgart
Titelfoto: Karin van Klaveren
Herstellung: Anke Schmider
Satz: r&p digitale medien, Echterdingen
Repro: Timeray, Herrenberg
Druck und Bindung: Firmengruppe Appl, aprinta Druck, Wemding, Germany
Printed in Germany

ISBN 978-3-8001-6721-0